中国林业植物授权新品种
(2013)

国家林业局科技发展中心 编
(国家林业局植物新品种保护办公室)

中国林业出版社

图书在版编目（CIP）数据

中国林业植物授权新品种 . 2013 / 国家林业局科技发展中心（国家林业局植物新品种保护办公室）编 . —北京： 中国林业出版社，2014.4

ISBN 978-7-5038-7434-5

Ⅰ . ①中… Ⅱ . ①国… Ⅲ . ①森林植物—品种—汇编—中国 — 2013 Ⅳ . ① S718.3

中国版本图书馆 CIP 数据核字 (2014) 第 064725 号

责任编辑：何增明 张华

出版：中国林业出版社
网址：http://lycb.forestry.gov.cn 电话：(010) 83286967
社址：北京西城区德内大街刘海胡同 7 号 邮编：100009
发行：中国林业出版社
印刷：北京卡乐富印刷有限公司
开本：787mm×1092mm 1/16
版次：2014 年 4 月第 1 版
印次：2014 年 4 月第 1 次
印张：11
字数：296 千字
印数：1 ～ 1500 册
定价：99.00 元

前　言

我国于 1997 年 10 月 1 日开始实施《中华人民共和国植物新品种保护条例》（以下称《条例》），1999 年 4 月 23 日加入国际植物新品种保护联盟。根据《条例》的规定，农业部、国家林业局按照职责分工共同负责植物新品种权申请的受理和审查，并对符合《条例》规定的植物新品种授予植物新品种权。国家林业局负责林木、竹、木质藤本、木本观赏植物（包括木本花卉）、果树（干果部分）及木本油料、饮料、调料、木本药材等植物新品种权申请的受理、审查和授权工作。

国家林业局对植物新品种保护工作十分重视，早在 1997 年就成立了植物新品种保护领导小组及植物新品种保护办公室；2001 年批准成立了植物新品种测试中心及 5 个分中心、2 个分子测定实验室；2002 年成立了植物新品种复审委员会；2005 年以来，陆续建成了月季、一品红、牡丹、杏、竹子 5 个专业测试站，基本形成了植物新品种保护机构体系框架。我国加入 WTO 以后，对林业植物新品种保护提出了更高的要求。为了适应新的形势需要，我们采取有效措施，加强林业植物新品种宣传，不断增强林业植物新品种保护意识，并制定有效的激励措施和扶持政策，有力推动了林业植物新品种权总量的快速增长。截至 2013 年年底，共受理国内外林业植物新品种申请 1261 件，其中国内申请 1030 件，占总申请量的 82%；国外申请 231 件，占 18%。共授予植物新品种权 658 件，其中国内申请授权数量 499 件，占76%，国外申请授权数量 159 件占 24%。授权的植物种类中，观赏植物 431 件，占 65%；林木 158 件，占 24%；果树 58 件，占 9%；木质藤本、竹子等其他植物 11 件，占 2%。其中2013 年共受理国内外林业植物新品种申请 177 件，授权 158 件。这充分表明，林业植物新品种权的申请和授权数量在大幅增加，林业植物新品种保护事业已经进入快速发展时期。

植物新品种保护制度的实施大幅提升了社会对植物品种权的保护意识，有效激励了广大育种者培育新品种的积极性，林业植物新品种大量涌现，这些新品种已在我国林业生产建设中发挥重要作用。为方便生产单位和广大林农获取信息，更好地服务生态林业、民生林业建设，在以往工作的基础上，我们将 2013 年授权的 158 个林业植物新品种汇编成书。希望该书的出版，能在生产单位、林农和品种权人之间架起沟通的桥梁，使生产者能够获得所需的新品种，在推广和应用中取得更大的经济效益，同时，品种权人的合法权益能够得到有效保护，获得相应的经济回报，使林业植物新品种在发展现代林业、建设生态文明、推动科学发展中发挥更大作用。

在本书的编写整理过程中，承蒙品种权人、培育人鼎力协助，提供授权品种的相关资料及图片，使本书编写工作顺利完成，特此致谢。编写过程中虽然力求资料完整准确，但难免有疏漏之处，请大家不吝指正。

编委会
2014 年 4 月

目 录

中成1号

（杨属）

联系人：胡建军

联系方式：010-62888862　国家：中国

申请日： 2012年1月12日

申请号： 20120007

品种权号： 20130001

授权日： 2013年6月28日

授权公告号： 国家林业局公告（2013年第13号）

授权公告日： 2013年9月23日

品种权人： 中国林业科学研究院林业研究所

培育人： 胡建军、卢孟柱、韩一凡、赵自成、李玲、李淑梅、赵树堂、周玉荣、周在成

品种特征特性：'中成1号'是由母本'丹红杨'、父本'南杨'杂交选育获得。雌株。成年树主干通直圆满，树皮纵裂，裂痕浅，较粗糙。速生，5年生平均胸径19.7cm，树高15.8m，平均单株材积达0.1746m³。苗期茎直立粗壮，具明细的棱，茎表皮光滑无毛，皮孔卵圆形均匀分布。'中成1号'与近似品种比较的主要不同点如下：

性状	'中成1号'	'I-69杨'
长枝叶	阔卵形	圆卵形
短枝叶	三角形	圆形
叶基部	截形	微心形
叶柄长/叶中脉长（%）（长枝叶）	66	75
叶中脉和下端第二个叶脉之间夹角（长枝叶）	58°	62°
抗天牛	高抗	较抗

中成2号

（杨属）

联系人：胡建军

联系方式：010-62888862　国家：中国

申请日：2012年1月12日

申请号：20120008

品种权号：20130002

授权日：2013年6月28日

授权公告号：国家林业局公告
（2013年第13号）

授权公告日：2013年9月23日

品种权人：中国林业科学研究院
林业研究所

培育人：胡建军、卢孟柱、赵自
成、徐刚标、苏雪辉、周玉荣、
屈菊平、周在举

品种特征特性：'中成2号'是由母本'丹红杨'、父本'南杨'杂交选育获得。雄株。成年树主干通直圆满，树皮纵裂，裂痕深，较粗糙。速生，5年生平均胸径18.9cm，树高15.3m，平均单株材积达0.1575m³。苗期茎直立粗壮，具明细的棱，茎表皮光滑无毛，皮孔卵圆形均匀分布。'中成2号'与近似品种比较的主要不同点如下：

性状	'中成2号'	'I-69杨'
长枝叶	阔卵形	圆卵形
短枝叶	三角形	圆形
叶基部	截形	微心形
叶柄长/叶中脉长（%）（长枝叶）	63	75
叶中脉和下端第二个叶脉之间夹角（长枝叶）	57°	62°
抗天牛	高抗	较抗
性别	雄株	雌株

中成3号

（杨属）

联系人：胡建军

联系方式：010-62888862　国家：中国

申请日：2012年1月12日

申请号：20120009

品种权号：20130003

授权日：2013年6月28日

授权公告号：国家林业局公告（2013年第13号）

授权公告日：2013年9月23日

品种权人：中国林业科学研究院林业研究所

培育人：胡建军、赵自成、卢孟柱、赵树堂、李振刚、周玉荣、周在成、朱学存

品种特征特性：'中成3号'是由母本'丹红杨'、父本'创新杨'杂交选育获得。雌株。成年树主干通直圆满，树皮纵裂，裂痕深，较粗糙。速生，5年生平均胸径18.2cm，树高15.5m，平均单株材积达0.1475m³。苗期茎直立粗壮，具明细的棱，茎表皮光滑无毛，皮孔卵圆形均匀分布。'中成3号'与近似品种比较的主要不同点如下：

性状	'中成3号'	'I-69杨'
长枝叶	阔卵形	圆卵形
短枝叶	三角形	圆形
叶基部	截形	微心形
叶柄长/叶中脉长（%）（长枝叶）	82	75
叶中脉和下端第二个叶脉之间夹角（长枝叶）	49°	62°
抗天牛	高抗	较抗

中成4号

（杨属）

联系人：胡建军
联系方式：010-62888862　国家：中国

申请日：2012年1月12日
申请号：20120010
品种权号：20130004
授权日：2013年6月28日
授权公告号：国家林业局公告
（2013年第13号）
授权公告日：2013年9月23日
品种权人：中国林业科学研究院
林业研究所
培育人：胡建军、卢孟柱、赵树堂、赵自成、苏雪辉、屈菊平、周玉荣、周在举、朱学存

品种特征特性：'中成4号'是由母本'丹红杨'、父本'创新杨'杂交选育获得。雄株。成年树主干通直圆满，树皮纵裂，裂痕浅。速生，5年生平均胸径18.3cm，树高15.7m，平均单株材积达0.1511m³。苗期茎直立粗壮，具明细的棱，茎表皮光滑无毛，皮孔卵圆形均匀分布。'中成4号'与近似品种比较的主要不同点如下：

性状	'中成4号'	'I-69杨'
长枝叶	阔卵形	圆卵形
短枝叶	三角形	圆形
叶基部	截形	微心形
叶柄长/叶中脉长（％）（长枝叶）	83	75
叶中脉和下端第二个叶脉之间夹角（长枝叶）	52°	62°
抗天牛	高抗	较抗
性别	雄株	雌株

中豫1号

（杨属）

联系人：胡建军

联系方式：010-62888862　国家：中国

申请日：2012年1月12日

申请号：20120011

品种权号：20130005

授权日：2013年6月28日

授权公告号：国家林业局公告
（2013年第13号）

授权公告日：2013年9月23日

品种权人：中国林业科学研究院
林业研究所

培育人：胡建军、赵自成、苏雪辉、李喜林、屈菊平、赵忠诚、许小芬、刘志刚、王军军、张智勇、张晓强、于自力

品种特征特性：'中豫1号'是由母本'丹红杨'、父本'创新杨'杂交选育获得。美洲黑杨，雌株，主干通直圆满，侧枝粗大，开张角度小，轮生明显，冠幅较小。速生，5年生平均胸径为18.2cm，树高为14.8m，主干下部树皮纵裂稍浅，呈灰白色，中部较为光滑，没有明显马蹄痕。'中豫1号'与近似品种比较的主要不同点如下：

性状	'中豫1号'	'108杨'
长枝叶	阔卵形	卵圆形
短枝叶	三角形	长卵形
短枝叶叶基	截形	宽楔形
叶片总长/叶最大宽度（%）（长枝叶）	102.8	97.0
叶柄长/叶中脉长（%）（长枝叶）	82.58	56.64
抗天牛	高抗	感

中豫2号

（杨属）

联系人：赵自成

联系方式：0371-65336788　国家：中国

申请日：2012年1月12日

申请号：20120012

品种权号：20130006

授权日：2013年6月28日

授权公告号：国家林业局公告（2013年第13号）

授权公告日：2013年9月23日

品种权人：河南省绿士达林业新技术研究所、中国林业科学研究院林业研究所

培育人：赵自成、胡建军、陈昌民、苏雪辉、李喜林、屈菊平、赵忠诚、许小芬、张智勇、熊志国、刘志刚、王军军、张晓强、于自力

品种特征特性：'中豫2号'是由母本'丹红杨'、父本'南杨'杂交选育获得。美洲黑杨，雌株，主干通直圆满，侧枝纤细，开张角度较大，轮生不明显，冠幅较小。速生，5年生在一般立地条件下平均胸径为19.7cm，树高为14.5m，主干下部树皮深纵裂，呈灰色，中部较为光滑，绿白色，有明显的马蹄痕。叶片深绿色，生长期长，落叶晚，对桑天牛有强的抗性。'中豫2号'与近似品种比较的主要不同点如下：

性状	'中豫2号'	'108杨'
长枝叶	阔卵形	卵圆形
短枝叶	三角形	长卵形
短枝叶叶基	截形	宽楔形
叶片总长／叶最大宽度（%）（长枝叶）	108.7	97.0
叶柄长／叶中脉长（%）（长枝叶）	69.38	56.64
叶中脉和下端第二个叶脉之间夹角(长枝叶)	62.2°	56.85°
抗天牛	抗	感

皇袍

（鹅掌楸属）

联系人：罗玉兰
联系方式：021-54347407　国家：中国

申请日：2012年3月5日
申请号：20120026
品种权号：20130007
授权日：2013年6月28日
授权公告号：国家林业局公告（2013年第13号）
授权公告日：2013年9月23日
品种权人：上海市园林科学研究所
培育人：张国兵、罗玉兰、崔心红、黄军华、张爱明、张春英、陈淑云

品种特征特性： '皇袍'是从北美鹅掌楸芽变获得。落叶大乔木，植株圆锥形，主干树皮颜色紫褐，主干树皮皮孔凸，一年生枝颜色紫褐，叶互生，叶片形如马褂，两侧各有一浅裂，叶片中部缺刻深度为浅，先端近截形，叶片上表面为黄绿色，下表面为淡黄绿色，叶片萌发初期至5月底，金黄色；6～7月中旬，黄绿色，嫩叶金黄色；7月中旬～10月底，老叶片变成绿色，秋叶变黄色；内花被片内表面颜色为复色：绿嵌黄，每年开花一次。'皇袍'与近似品种比较的主要不同点如下：

性状	'皇袍'	'金边'
主干树皮皮孔	凸	平
叶片上表面颜色	黄绿色	边缘黄色，中央绿色
叶片下表面颜色	淡黄绿色	边缘黄色，中央淡绿

'皇袍'　'金边'

黄金栾

(栾树属)

联系人：王胜连
联系方式：13603747399　国家：中国

申请日：2012年4月13日
申请号：20120049
品种权号：20130008
授权日：2013年6月28日
授权公告号：国家林业局公告
（2013年第13号）
授权公告日：2013年9月23日
品种权人：王胜连
培育人：王胜连

品种特征特性：'黄金栾'是通过实生苗选育获得。该品种为落叶乔木，树冠近似圆球形，奇数为状复叶互生，小叶 7～15 枚，叶色春季嫩叶红色，伸展后金黄色，7 月份以后老叶逐层渐渐变色为淡黄、黄绿、绿色。7 月底以前全部黄色，7 月份以后嫩叶金黄；嫩枝金黄色。'黄金栾'与近似品种比较的主要不同点如下：

性状	'黄金栾'	'黄山栾'
叶片颜色	嫩叶红色，成熟叶金黄色	嫩叶褐红色，成熟叶绿色
枝条颜色	嫩枝金黄色	绿色

张家湾1号

（卫矛属）

联系人：蒲兰芝

联系方式：15910701866 国家：中国

申请日：2012年4月16日

申请号：20120050

品种权号：20130009

授权日：2013年6月28日

授权公告号：国家林业局公告（2013年第13号）

授权公告日：2013年9月23日

品种权人：北京华源发苗木花卉交易市场有限公司

培育人：李凤云、李永利、姚砚武、朱云锋

品种特征特性： '张家湾1号'是通过单株选育获得。该品种为常绿阔叶小乔木，叶革质，正面深绿色，背面浅绿色，冬天叶色碧绿。叶片卵形或长椭圆形，叶缘浅波状。花浅黄色，花径为0.1~1cm，蒴果近球形，有4浅沟，果径1~2cm，嫩果浅绿色，向阳面褐红色，种子近圆球形，11月份成熟，成熟时果皮自动开裂，橙红色种皮的种子暴露，满树红果绿叶。'张家湾1号'与近似品种比较的主要不同点如下：

性状	'张家湾1号'	'北海道黄杨'
枝条	新梢节间短，芽偏扁	新梢节间长，芽较圆
叶色	叶片尖，呈浓绿色	叶片卵圆形，呈绿色
冠形	发枝多，开张角度大	发枝少，开张角度小

正面　背面　　　　　背面　正面

原种　　　　　　'张家湾1号'

中林含笑

(含笑属)

联系人：曹基武
联系方式：13755035779　国家：中国

申请日：2012年5月9日
申请号：20120061
品种权号：20130010
授权日：2013年6月28日
授权公告号：国家林业局公告
（2013年第13号）
授权公告日：2013年9月23日
品种权人：中南林业科技大学
培育人：曹基武、刘春林、张江

品种特征特性：'中林含笑'是用母本醉香含笑(*Michelia macclurei*)、父本深山含笑(*Michelia maudiae*)杂交选育获得。常绿乔木，树形呈塔形；芽、叶柄、嫩枝、托叶及花梗被褐色毛；叶革质，叶面青绿色，叶背浅绿色，长 10.5～14.9cm，宽 4.2～7.1cm；无托叶痕；花期 3～4 月，单花花期 5～6 天；花腋生，浓香，盛开呈莲花状；花径 4～6cm，花被片 7～11 枚，肉质，倒卵形，3～4 轮，长 4.7～5.5cm，宽 1.6～2.4cm；花被片外表面呈黄白色，内表面淡黄色，基部黄绿色；雄蕊群红褐色，花丝灰白色，花药黄绿色，雄蕊数48～53 枚；或具 1～3 个紫色瓣化雄蕊；雌蕊群绿色，柱头紫红色，心皮数 28～33 枚；很难结实。'中林含笑'与近似品种比较的主要不同点如下：

性状	深山含笑	醉香含笑	'中林含笑'
株形	圆锥形	圆球形	塔形
被毛	芽、嫩枝、叶背、苞片被白粉	芽、嫩枝、叶柄、花梗被平伏短绒毛	芽、托叶及花梗被褐色毛
花色（外表面）	白色	浅黄色	黄白色
花色（内表面）	黄色	浅黄色	淡黄色
雄蕊群	黄褐色	灰褐色	红褐色
花丝	淡紫色	红色	灰白色
花药	黄褐色	黄褐色	黄绿色
香味	清香	淡香	浓香

森禾美人鹃

(杜鹃花属)

联系人： 范文峰
联系方式： 0571-28931732 国家：中国

申请日：2012年5月28日

申请号：20120070

品种权号：20130011

授权日：2013年6月28日

授权公告号：国家林业局公告（2013年第13号）

授权公告日：2013年9月23日

品种权人：浙江森禾种业股份有限公司

培育人：方永根

品种特征特性： '森禾美人鹃'用母本'御代之荣'、父本'柳浪闻莺'经杂交选育获得。常绿杜鹃，长势强健，新枝浅绿色，多毛。叶纸质，长披针形，先端锐尖。叶正反面有叶毛，叶长 2.5～3.5cm，叶宽 0.6～1cm，叶色深绿，有光泽。花序伞状顶生，有 2 花，花径 6cm 左右，花萼绿色 5 裂，花形为单瓣阔漏斗形，花冠颜色为深浅不一粉红色，有紫红色斑点纹饰，花柱粉红色，花期在浙江金华为 5 月初。'森禾美人鹃'与近似品种比较的主要不同点如下：

性状	'森禾美人鹃'	'御代之荣'	'柳浪闻莺'
花型	单瓣	单瓣	双套瓣
花色	粉红色	淡粉色、基部白色	浅粉色
叶片	长披针形，先端尖	椭圆形，先端圆	椭圆形，先端圆

森禾锦满枝

(杜鹃花属)

联系人：范文峰

联系方式：0571-28931732　国家：中国

申请日：2012年5月28日

申请号：20120071

品种权号：20130012

授权日：2013年6月28日

授权公告号：国家林业局公告（2013年第13号）

授权公告日：2013年9月23日

品种权人：浙江森禾种业股份有限公司

培育人：方永根

品种特征特性：'森禾锦满枝'用母本'Elsie Lee'、父本'凤冠'经杂交选育获得。常绿，长势强健，新枝浅紫红色，叶纸质，长椭圆形，先端钝尖，叶正反面有叶毛，叶长3.6~4.5cm，叶宽1.8~2.5cm，叶色碧绿。花序伞状顶生，有2花，花径6cm，花萼瓣化，花形为多重套瓣阔漏斗形，花冠颜色为红色，内形面无纹饰，雄蕊基本瓣化，花柱为浅红色，花期在浙江金华为4月上旬。'森禾锦满枝'与近似品种比较的主要不同点如下：

性状	'森禾锦满枝'	'Elsie Lee'	'凤冠'
花型	多重套瓣	半重瓣	双套瓣
花色	红色、无纹饰	浅紫色、有紫纹饰	白底红边、有紫纹饰

丹霞醉日

联系人：王仲朗
联系方式：13769113271；0871-5223702　国家：中国

申请日： 2012年5月31日
申请号： 20120072
品种权号： 20130013
授权日： 2013年6月28日
授权公告号： 国家林业局公告
（2013年第13号）
授权公告日： 2013年9月23日
品种权人： 上海植物园
培育人： 奉树成、费建国、张亚利、莫健彬

品种特征特性： '丹霞醉日'用母本'长寿乐'、父本'世界一'经杂交选育获得。匍匐状灌木，有枝刺，幼叶红色，嫩叶黄绿色，边缘红褐色或者红色，嫩叶色叶期从3月中旬～4月中下旬，幼枝暗红色，有毛，叶片椭圆形，锐锯齿，花单瓣，碗形，橙色，花径3～4.5cm，2～6朵簇生，花瓣圆勺形，瓣爪长，花瓣数量约6枚，花萼倒圆锥形，花丝黄到红色，花梗长0.3～0.5cm；花期3月下旬～4月中旬。果实扁圆形，具脊，果实长约2.5～3.5cm。'丹霞醉日'与近似品种比较的主要不同点如下：

性状	'丹霞醉日'	'长寿乐'
花型	单瓣	重瓣
花色	橙色	橙红色
花径	3～4.5cm	3～5cm

13

娇容三变

(木瓜属)

联系人：张亚利
联系方式：13482365779　国家：中国

申请日：2012年5月31日
申请号：20120073
品种权号：20130014
授权日：2013年6月28日
授权公告号：国家林业局公告
（2013年第13号）
授权公告日：2013年9月23日
品种权人：上海植物园
培育人：奉树成、费建国、张亚利、莫健彬

品种特征特性：'娇容三变'用母本'长寿乐'、父本'银长寿'经杂交选育获得。灌木，无枝刺，幼叶黄绿色，边缘红色；嫩枝红色，有毛；托叶耳形，叶片椭圆状披针形，叶缘锐锯齿。花1～6朵簇生，重瓣，碗形，花2～3色，初开白绿色，盛开后渐变粉色，末花期深粉红色，花瓣圆勺形或不规则开裂，花瓣质地薄，褶皱；花径4～5.7cm，花瓣数量20～30枚；花萼钟形，花梗长约1.5cm，红绿色；雄蕊少数，绿白色；花期4月上旬～下旬。不结实。'娇容三变'与近似品种比较的主要不同点如下：

性状	'娇容三变'	'玉女'
花色	初开白绿色，渐变成粉色，末花深粉红色	初开绿色，盛开后白粉色
花瓣	质地薄，有褶皱	质地中等，褶皱少
花径	4～5.7cm	2.4～4cm

垂枝粉玉

(山茶属)

联系人：张亚利
联系方式：13482365779 国家：中国

申请日：2012年5月31日
申请号：20120074
品种权号：20130015
授权日：2013年6月28日
授权公告号：国家林业局公告
（2013年第13号）
授权公告日：2013年9月23日
品种权人：上海植物园
培育人：费建国、奉树成、张亚利、莫健彬

品种特征特性：'垂枝粉玉'用母本'黑椿'(Camellia japonica 'Kuro-tsubaki')、父本小卵叶连蕊茶（Camellia parvi-ovata）经杂交选育获得。灌木，垂枝；枝叶繁密，嫩枝黄褐色，芽紫红色，簇生。叶披针形，常扭曲下垂，互生几近十字状排列，长5.0～8.2cm，宽1.8～2.2cm，横截面平坦，叶脉中等，叶厚度中等，细齿缘，叶基楔形，叶尖长尾尖，叶柄短，叶面光泽弱，叶背无毛，嫩叶深紫红色，成熟叶片绿色或深绿色。花芽多枚顶生或腋生，萼片覆瓦状排列，卵形，褐色；花小，单瓣，花瓣顶端微凹，边缘全缘，花瓣卵形，花瓣5枚，花径2.5～3.5cm，花粉白色（RHS 52D），雄蕊筒形，基部合生，柱头3浅裂，雌蕊等高或高于雄蕊，子房无毛，中花期，上海地区3月上旬～4月上旬。'垂枝粉玉'与近似品种比较的主要不同点如下：

性状	'垂枝粉玉'	'小粉玉'
树形	垂枝性	立性，稍开展
叶形	披针形	卵形
花期	中，3月上旬～4月上旬	早，2月下旬～4月

嫣舞江南

(木瓜属)

联系人：张亚利

联系方式：13482365779　国家：中国

申请日：2012年5月31日

申请号：20120075

品种权号：20130016

授权日：2013年6月28日

授权公告号：国家林业局公告（2013年第13号）

授权公告日：2013年9月23日

品种权人：上海植物园

培育人：奉树成、费建国、张亚利、莫健彬

品种特征特性：'嫣舞江南'用母本'四季红'、父本'长寿冠'经杂交选育获得。匍匐状灌木，有枝刺，幼枝红褐色，具毛；幼叶黄绿色，边缘红色，幼叶无毛；叶片椭圆形，叶缘锐锯齿。花期4月上旬~4月中下旬，花叶同放，花簇生，半重瓣到重瓣，碗形，花径2.5~4.0cm，花瓣数量约12~18枚，花瓣橙红色，圆勺形，爪长；雄蕊部分瓣化，花丝酒红色；花萼倒圆锥形，花梗长约0.3~0.5cm，不结实。'嫣舞江南'与近似品种比较的主要不同点如下：

性状	'嫣舞江南'	'香玉棠'
花色	橙红色	红色
花期	4月上旬~4月中下旬	3月下旬~4月上旬
结实	不结实	结实

渤海柳1号

（柳属）

联系人：焦传礼
联系方式：13396294788/0543-3268806 国家：中国

申请日：2012年6月11日
申请号：20120077
品种权号：20130017
授权日：2013年6月28日
授权公告号：国家林业局公告（2013年第13号）
授权公告日：2013年9月23日
品种权人：滨州市一逸林业有限公司、山东省林业科学研究院
培育人：焦传礼、刘德玺、宫敬东、刘桂民、姚树景

品种特征特性：'渤海柳1号'是在山东省东营市发现的自然变异经人工培育获得。雌株。主干通直，顶端优势极强，嫩尖肉红色，生长期内干皮黄绿色。侧枝分布均匀，粗细均匀，分枝角度中等，平均值为50°。叶片长披针形，平均长16cm、宽2.2cm，叶柄长1.4cm，叶缘细锯齿状。枝条在立秋后逐步变色，颜色随着天气变冷加深，由褐红色到落叶时变成紫色，顶端色泽加深。'渤海柳1号'与近似品种比较的主要不同点如下：

性状	'渤海柳1号'	'J172柳'
冬季当年生枝条颜色	紫色	土黄色
叶柄长度	1cm以上	0.5cm左右

武林木兰

(木兰属)

联系人：曹基武

联系方式：13755035779 国家：中国

申请日：2012年6月28日
申请号：20120099
品种权号：20130018
授权日：2013年6月28日
授权公告号：国家林业局公告
（2013年第13号）
授权公告日：2013年9月23日
品种权人：中南林业科技大学
培育人：曹基武、刘春林、吴毅

品种特征特性： '武林木兰'是由单株变异选育获得。常绿或半常绿小乔木，树形宽卵形；树皮灰褐色，叶集生枝顶，革质，倒卵形；长15.2～19.5cm，宽6.2～8.6cm，叶中部最宽，先端尾状骤尖，叶两面无毛，托叶痕长约为叶柄的二分之一；花芳香，单生枝顶，直立，花叶同放；花被片9，粉红色，长圆形，花径7.6～10.2cm，花被片倒卵形，雄蕊花丝深红色，雌蕊群长卵形。花期4～5月，花量大，鲜艳。未见结实。'武林木兰'与厚朴比较的主要不同点如下：

性状	'武林木兰'	厚朴
树皮	树皮薄，皮孔小	树皮厚，皮孔大
叶柄	纤细	粗壮
花色	粉红	白色
花径	7.6～10.2cm	9.2～14.6cm

丰丽1号

(杜鹃花属)

联系人： 方永根
联系方式： 13806783670　国家：中国

申请日：2012年7月7日
申请号：20120111
品种权号：20130019
授权日：2013年6月28日
授权公告号：国家林业局公告
（2013年第13号）
授权公告日：2013年9月23日
品种权人：金华市永根杜鹃花培
育有限公司
培育人：方永根

品种特征特性：'丰丽1号'是由母本'0416-1'、父本'凤冠'经杂交选育获得。常绿杜鹃，生长势强，枝叶茂密，株型整齐。新枝紫红色，新枝和叶正反面具黄绿色伏毛，叶纸质，长椭圆形，先端渐尖，叶基楔形，叶面内凹，叶长3.1~4cm，叶宽1.5~1.9cm，叶色深绿有光泽。花序伞形顶生，有2花，花径7cm左右，大花型。花萼瓣化，花柱淡紫色，花形为套筒形重瓣，阔漏斗形，雄蕊瓣化，花冠为深红色，内形无纹饰。花期在浙江金华市为4月上旬。'丰丽1号'与近似品种比较的主要不同点如下：

性状	'丰丽1号'	'0416-1'	'凤冠'
花型	重瓣	半重瓣	双套筒
花色	深红	红	白色红边
生长势	强	中等	中等

丰丽2号

（杜鹃花属）

联系人： 方永根
联系方式： 13806783670　国家：中国

申请日：2012年7月7日
申请号：20120112
品种权号：20130020
授权日：2013年6月28日
授权公告号：国家林业局公告
（2013年第13号）
授权公告日：2013年9月23日
品种权人：金华市永根杜鹃花培
育有限公司
培育人：方永根

品种特征特性：'丰丽2号'是由母本'粉面铁红'、父本'Elsie Lee'经杂交选育获得。常绿杜鹃，生长势强，枝叶茂密，株型整齐。新枝淡紫色，新枝和叶正反面具黄绿色伏毛，叶纸质，卵形，先端渐尖，叶基宽楔形，叶长2.8～4.5cm，叶宽1.3～2.2cm，叶色深绿有光泽。花序伞形顶生，有2花，花径7cm左右，大花型。花柱淡紫色，花形为重瓣阔漏斗形，雄蕊瓣化，花冠为红色，内形有紫色纹饰。花期在浙江金华市为4月上旬。'丰丽2号'与近似品种比较的主要不同点如下：

性状	'丰丽2号'	'粉面铁红'	'Elsie Lee'
花型	重瓣	半重瓣	半重瓣
花色	红色	紫红色粉边	浅紫色
生长势	强	弱	中等

锦华1号

(杜鹃花属)

联系人：方永根
联系方式：13806783670 国家：中国

申请日：2012年7月7日
申请号：20120113
品种权号：20130021
授权日：2013年6月28日
授权公告号：国家林业局公告
（2013年第13号）
授权公告日：2013年9月23日
品种权人：金华市永根杜鹃花培
育有限公司
培育人：方永根

品种特征特性：'锦华1号'是由母本'0546-1'、父本'0518-8'经杂交选育获得。常绿杜鹃，生长势强，枝叶茂密，株型整齐。新枝绿色，新枝和叶正反面具黄绿色伏毛，叶纸质，椭圆形，先端突尖，叶基宽楔形，叶面内凹，叶长3.3～4.6cm，叶宽1.6～2.5cm，叶色深绿。花序伞形顶生，有2～4花，花径5cm左右，大花型。花萼瓣化，花柱淡紫色，花形为双套瓣，阔漏斗形，雄蕊5枚，花冠白底红条点，偶尔开红色花，内形面有浅紫色纹饰。花期在浙江金华市为4月上旬。'锦华1号'与近似品种比较的主要不同点如下：

性状	'锦华1号'	'0546-1'	'0518-8'
花型	双套瓣	单瓣	双套瓣
花色	白底红条点	白色	白色红条
生长势	强	中等	中等

卧龙1号

（杜鹃花属）

联系人： 方永根

联系方式： 13806783670　国家：中国

申请日：2012年7月7日

申请号：20120114

品种权号：20130022

授权日：2013年6月28日

授权公告号：国家林业局公告
（2013年第13号）

授权公告日：2013年9月23日

品种权人：金华市永根杜鹃花培
育有限公司

培育人：方永根

品种特征特性：'卧龙1号'是由母本'Elsie Lee'、父本'富士'经杂交选育获得。常绿杜鹃，生长势很强，但成熟枝细软，植株生长匍匐，新枝浅绿色，新枝和叶正反面多黄绿色伏毛。叶纸质，长椭圆形，叶面内凹，先端突尖，叶尖有白色突出。叶长3.5～5cm，叶宽1.7～2cm，叶色深绿，有光泽。花序伞状顶生，有2花，花径7cm，大花型。花萼绿色5裂，花形为半重瓣阔漏斗形，花冠颜色为红紫色 (RHS N66C)，有紫红色斑点纹饰，花柱为淡红紫色，花期在浙江金华市为4月上旬。'卧龙1号'与近似品种比较的主要不同点如下：

性状	'卧龙1号'	'Elsie Lee'	'富士'
花型	半重瓣	半重瓣	单瓣
花色	红紫色	浅紫色	暗红色
植株形态	匍匐	直立	较直立

大吉祥

(杜鹃花属)

联系人： 方永根

联系方式： 13806783670 国家： 中国

申请日：2012年7月7日

申请号：20120115

品种权号：20130023

授权日：2013年6月28日

授权公告号：国家林业局公告
（2013年第13号）

授权公告日：2013年9月23日

品种权人：金华市永根杜鹃花培
育有限公司

培育人：方永根、陈念舟

品种特征特性：‘大吉祥’是由母本‘琉球红’、父本‘Pride of Detroit’经杂交选育获得。常绿杜鹃，生长势强。新枝绿色，新枝和叶正反面具黄绿色伏毛，叶纸质，长椭圆形，先端突尖，叶基宽楔形，叶面内凹，叶长4.2～4.6cm，叶宽1.9～2.2cm，叶色深绿有光泽。花序伞形顶生，有5～7花，花径10～12cm左右，特大花型。花萼瓣化，花柱淡紫色，花形为双套瓣，阔漏斗形，雄蕊，花冠为深粉红色，内形面有浅紫色纹饰。花期在浙江金华市为4月上旬。‘大吉祥’与近似品种比较的主要不同点如下：

性状	‘大吉祥’	‘琉球红’	‘Pride of Detroit’
花型	双套瓣	单瓣	双套瓣
花色	深粉红色	橘红色	紫红色
花大小	特大	中等	大
花苞开花数	5～7	2	2～4

常春3号

(杜鹃花属)

联系人： 方永根
联系方式： 13806783670　国家：中国

申请日：2012年7月7日

申请号：20120116

品种权号：20130024

授权日：2013年6月28日

授权公告号：国家林业局公告
（2013年第13号）

授权公告日：2013年9月23日

品种权人：金华市永根杜鹃花培
育有限公司

培育人：方永根

品种特征特性： '常春3号'是由母本'0546-5'、父本'琉球红'经杂交选育获得。常绿杜鹃，生长势特强，枝条粗壮，株型高大整齐，新枝紫红色，新枝和叶正反面具黄绿色伏毛，叶纸质，长卵形，先端突尖，叶基楔形，叶面略内凹，叶长3.5～4.5cm，叶宽1.4～1.8cm，叶色深绿有光泽。花序伞形顶生，有2花，花径7cm左右，大花型。花萼绿色5裂，花柱浅绿，花形为重瓣，阔漏斗形，雄蕊瓣化，花冠深裂至基部，花冠为淡紫红色(RHS 68B)，内形面有浅绿色纹饰。花期在浙江金华市为4月中旬，7月以后可再开花。'常春3号'与近似品种比较的主要不同点如下：

性状	'常春3号'	'0546-5'	'琉球红'
花型	重瓣	重瓣	单瓣
花色	浅紫红色	深粉红色	橘红色
开花次数	多季花	一季花	一季花

盛春5号

（杜鹃花属）

联系人：方永根

联系方式：13806783670　国家：中国

申请日：2012年7月7日

申请号：20120117

品种权号：20130025

授权日：2013年6月28日

授权公告号：国家林业局公告
（2013年第13号）

授权公告日：2013年9月23日

品种权人：金华市永根杜鹃花培
育有限公司

培育人：方永根

品种特征特性：‘盛春5号’是由母本‘Elsie Lee’、父本‘劳动勋章’经杂交选育获得。常绿杜鹃，生长势特强，枝条粗壮，株型高大整齐，新枝绿色，新枝和叶正反面具黄绿色伏毛，叶纸质，长椭圆形，先端突尖，叶基楔形，叶面内凹，叶长3.7～5.2cm，叶宽1.5～2.3cm，叶色深绿有光泽。花序伞形顶生，有2花，花径6cm左右，大花型。花萼绿色5裂，花柱浅紫，花形为重瓣，阔漏斗形，雄蕊瓣化，花冠深裂，花冠为深紫红色（RHS N66B），内形面有浅紫褐色纹饰。花期在浙江金华市为4月中旬。‘盛春5号’与近似品种比较的主要不同点如下：

性状	‘盛春5号’	‘Elsie Lee’	‘劳动勋章’
花型	重瓣	半重瓣	半重瓣
花色	深紫红色	浅紫色	深粉红色
生长势	特强	中等	强

盛春6号

（杜鹃花属）

联系人：方永根
联系方式：13806783670　国家：中国

申请日：2012年7月7日
申请号：20120118
品种权号：20130026
授权日：2013年6月28日
授权公告号：国家林业局公告
（2013年第13号）
授权公告日：2013年9月23日
品种权人：金华市永根杜鹃花培
育有限公司
培育人：方永根

品种特征特性：'盛春6号'是由母本'Elsie Lee'、父本'劳动勋章'经杂交选育获得。常绿杜鹃，生长势特强，枝条粗壮，株型高大整齐，新枝浅紫色，新枝和叶正反面具黄绿色伏毛，叶纸质，长卵形，先端渐尖，叶基宽楔形，叶面内凹，叶长4.6～6.2cm，叶宽2～3cm，叶色深绿有光泽。花序伞形顶生，有2花，花径6cm左右，大花型。花萼绿色5裂，花柱浅紫，花形为重瓣，阔漏斗形，雄蕊瓣化，花冠深裂，花冠为浅紫红色(RHS 67C)，内形面有浅紫褐色纹饰。花期在浙江金华市为4月中旬。'盛春6号'与近似品种比较的主要不同点如下：

性状	'盛春6号'	'Elsie Lee'	'劳动勋章'
花型	重瓣	半重瓣	半重瓣
花色	浅紫红色	浅紫色	深粉红色
生长势	特强	中等	强

朝阳1号

（杜鹃花属）

联系人： 方永根

联系方式： 13806783670 国家：中国

申请日： 2012年7月7日

申请号： 20120119

品种权号： 20130027

授权日： 2013年6月28日

授权公告号： 国家林业局公告（2013年第13号）

授权公告日： 2013年9月23日

品种权人： 金华市永根杜鹃花培育有限公司

培育人： 方永根

品种特征特性： '朝阳1号'是由母本'0416-X'、父本'紫凤朝阳'经杂交选育获得。常绿杜鹃，生长势特强，枝叶茂密，株型整齐。新枝绿色，新枝和叶正反面具黄绿色伏毛，叶纸质，椭圆形，先端突尖，叶基宽楔形，叶面内凹，叶长 3.2～3.7cm，叶宽 1.6～2cm，叶色深绿有光泽。花序伞形顶生，有2～4花，花径6cm左右，大花型。花萼绿色5裂，花柱绿色，花形为重瓣，阔漏斗形，雄蕊瓣化，花冠为紫色 (RHS 77B)，内形面有浅紫色纹饰。花期在浙江金华市为4月下旬。'朝阳1号'与近似品种比较的主要不同点如下：

性状	'朝阳1号'	'0416-X'	'紫凤朝阳'
花型	重瓣	半重瓣	半重瓣
花色	紫色	红色	蓝紫色
生长势	特强	中等	强

朝阳2号

(杜鹃花属)

联系人：方永根
联系方式：13806783670　国家：中国

申请日： 2012年7月7日
申请号： 20120120
品种权号： 20130028
授权日： 2013年6月28日
授权公告号： 国家林业局公告
（2013年第13号）
授权公告日： 2013年9月23日
品种权人： 金华市永根杜鹃花培
育有限公司
培育人： 方永根

品种特征特性： '朝阳2号'是由母本'0416-X'、父本'紫凤朝阳'经杂交选育获得。常绿杜鹃，生长势强，枝叶茂密，株型整齐。新枝绿色，新枝和叶正反面具黄绿色伏毛，叶纸质，椭圆形，先端渐尖，叶基楔形，叶面内凹，叶长 3～3.7cm，叶宽 1.4～1.7cm，叶色深绿有光泽。花序伞形顶生，有 2～4 花，花径6cm 左右，大花型。花萼绿色 5 裂，花柱绿色，花形为重瓣，阔漏斗形，雄蕊瓣化，花冠深裂至基部，花冠为深紫红色（RHS N74A），内形面有浅紫色纹饰。花期在浙江金华市为 4 月中旬。'朝阳2号'与近似品种比较的主要不同点如下：

性状	'朝阳2号'	'0416-X'	'紫凤朝阳'
花型	重瓣	半重瓣	半重瓣
花色	深紫红色	红色	蓝紫色
生长势	强	中等	强

朝阳3号

（杜鹃花属）

联系人：方永根

联系方式：13806783670　国家：中国

申请日： 2012年7月7日
申请号： 20120121
品种权号： 20130029
授权日： 2013年6月28日
授权公告号： 国家林业局公告
（2013年第13号）
授权公告日： 2013年9月23日
品种权人： 金华市永根杜鹃花培育有限公司
培育人： 方永根

品种特征特性：'朝阳3号'是由母本'0416-X'、父本'紫凤朝阳'经杂交选育获得。常绿杜鹃，生长势强，枝叶茂密，株型整齐。新枝淡紫色，新枝和叶正反面具黄绿色伏毛，叶纸质，椭圆形，先端突尖，叶基宽楔形，叶面内凹，叶长 3.2～4.2cm，叶宽 1.7～2.1cm，叶色深绿有光泽。花序伞形顶生，有 2～4 花，花径6cm 左右，大花型。花萼绿色 5 裂，花柱绿色，花形为重瓣，阔漏斗形，雄蕊瓣化，花冠深裂至基部，花冠为深紫红色（RHS N74B），内形面有浅紫色纹饰。花期在浙江金华市为 4 月下旬。'朝阳3号'与近似品种比较的主要不同点如下：

性状	'朝阳3号'	'0416-X'	'紫凤朝阳'
花型	重瓣	半重瓣	半重瓣
花色	深紫红色	红色	蓝紫色
生长势	强	中等	强

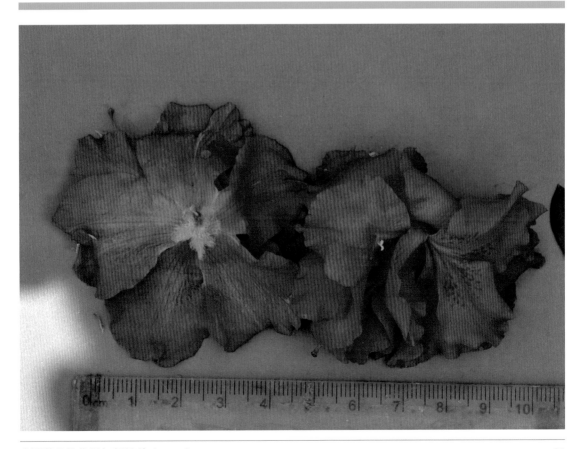

朝阳4号

（杜鹃花属）

联系人：方永根

联系方式：13806783670　国家：中国

申请日：2012年7月7日

申请号：20120122

品种权号：20130030

授权日：2013年6月28日

授权公告号：国家林业局公告
（2013年第13号）

授权公告日：2013年9月23日

品种权人：金华市永根杜鹃花培
育有限公司

培育人：方永根

品种特征特性：'朝阳4号'是由母本'0416-X'、父本'五宝绿珠'经杂交选育获得。常绿杜鹃，生长势强，枝叶茂密，株型整齐。新枝绿色，新枝和叶正反面具黄绿色伏毛，叶纸质，披针形，先端渐尖，叶基楔形，叶面内凹，叶长3～4.5cm，叶宽1.2～2cm，叶色深绿有光泽。花序伞形顶生，有2～4花，花径6cm左右，大花型。花萼绿色5裂，花柱淡紫色，花形为重瓣，阔漏斗形，雄蕊瓣化，花冠深裂至基部，花冠为浅紫红色（RHS 65A），内形面有浅紫色纹饰。花期在浙江金华市为4月中旬。'朝阳4号'与近似品种比较的主要不同点如下：

性状	'朝阳4号'	'0416-X'	'五宝绿珠'
花型	重瓣	半重瓣	半重瓣或重瓣
花色	浅紫红色	红色	粉色红条
生长势	强	中等	中等

朝阳5号

（杜鹃花属）

联系人：方永根

联系方式：13806783670　国家：中国

申请日： 2012年7月7日

申请号： 20120123

品种权号： 20130031

授权日： 2013年6月28日

授权公告号： 国家林业局公告
（2013年第13号）

授权公告日： 2013年9月23日

品种权人： 金华市永根杜鹃花培育有限公司

培育人： 方永根

品种特征特性： '朝阳5号'是由母本'0416-X'、父本'五宝绿珠'经杂交选育获得。常绿杜鹃，长势强健，枝叶茂密，株型整齐。新枝绿色，新枝和叶正反面具黄绿色伏毛，叶纸质，披针形，先端渐尖，叶基楔形，叶面内凹，叶长2.2～3.2cm，叶宽1cm左右，叶色深绿有光泽。花序伞形顶生，有2～4花，花径6cm左右，大花型。花萼绿色5裂，花柱淡紫色，花形为重瓣，阔漏斗形，雄蕊瓣化，花冠深裂至基部，花冠为浅紫红色（RHS 68C），内形面有浅紫色纹饰。花期在浙江金华市为4月下旬。'朝阳5号'与近似品种比较的主要不同点如下：

性状	'朝阳5号'	'0416-X'	'五宝绿珠'
花型	重瓣	半重瓣	半重瓣或重瓣
花色	浅紫红色	红色	粉色红条
生长势	强	中等	中

晋栾1号

（栾树属）

联系人：王国栋
联系方式：13903457701 国家：中国

申请日：2012年7月9日

申请号：20120124

品种权号：20130032

授权日：2013年6月28日

授权公告号：国家林业局公告（2013年第13号）

授权公告日：2013年9月23日

品种权人：襄垣县国栋园林花木种植专业合作社

培育人：王国栋、秦洋洋、安新民、郝朝辉

品种特征特性：'晋栾1号'为'锦叶栾'播种实生苗选育而成。落叶乔木，树皮灰褐色，多分枝，无顶芽，奇数羽状复叶互生，小叶7～15枚，卵形或卵状椭圆形，有不规则粗齿或羽状深裂，有时部分小叶深裂为不完全的二回羽状复叶。4月初嫩芽呈深枚红色，展叶后叶色逐渐变黄；5～6月，呈茎红叶黄状态；6月底～7月初，至下而上叶色逐渐返青呈豆绿色。节间大、速生。顶生圆锥花序，花小、黄色，花期7月。蒴果三角状卵形，顶端尖，9～10月果实成熟，黑褐色，种子圆形黑色。'晋栾1号'与近似品种比较的主要不同点如下：

性状	'晋栾1号'	'锦叶栾'
7～10月叶色	豆绿色	金黄色
生长速度	快	中等

金陵黄枫

（槭属）

联系人：荣立苹
联系方式：13813805804 国家：中国

申请日：2012年7月27日
申请号：20120129
品种权号：20130033
授权日：2013年6月28日
授权公告号：国家林业局公告
（2013年第13号）
授权公告日：2013年9月23日
品种权人：江苏省农业科学院
培育人：李倩中、李淑顺、荣立
苹、唐玲

品种特征特性：'金陵黄枫'是由鸡爪槭实生苗选育而成。成龄植株株高3m左右，枝条粗壮，斜上生长，春梢平均长度110cm，秋梢平均长度21cm。新梢亮红色，一年生枝条颜色微泛红色，二年生枝条绿色。3月下旬萌动，新芽亮橙红色；嫩叶黄色，叶缘浅珊瑚红色；生长旺盛期叶色为金黄色；9～10月份成熟叶转为黄绿色，秋梢新叶浅橙红色；11月中旬叶色转为橙红色。叶片长7～8cm，宽11～12cm，叶片5深裂，叶基心形，叶边缘锯齿为密重锯齿，叶无毛，叶柄浅红色，长3.5cm。'金陵黄枫'与近似品种比较的主要不同点如下：

性状	'金陵黄枫'	'荷兰黄枫'
叶色	金黄色	黄色
观赏期（南京，天）	160	102
抗日灼性	无日灼	日灼较重

常春4号

（杜鹃花属）

联系人： 方永根
联系方式： 13806783670　国家：中国

申请日：2012年8月3日
申请号：20120130
品种权号：20130034
授权日：2013年6月28日
授权公告号：国家林业局公告
（2013年第13号）
授权公告日：2013年9月23日
品种权人：金华市永根杜鹃花培
育有限公司
培育人：方永根

品种特征特性：'常春4号'是由母本'0546-5'、父本'琉球红'
经杂交选育获得。常绿杜鹃，长势强健，枝条粗壮，株型高大整齐，
新枝绿色，新枝和叶正反面具黄绿色伏毛，叶纸质，长椭圆形，先
端突尖，叶顶端有黄白色突出，叶基楔形，叶面内凹，叶长3.5～4.5cm，
叶宽1.4～1.8cm，叶色深绿。花序伞形顶生，有2花，花径7cm左
右，大花型。花萼绿色5裂，花柱浅紫红，花形为重瓣，阔漏斗形，
雄蕊瓣化，花冠深裂至基部，花冠为紫红色（RHS 58B），内形面
有浅紫色纹饰。花期在浙江金华为4月上中旬，7月以后可再开花。
'常春4号'与近似品种比较的主要不同点如下：

性状	'常春4号'	'0546-5'	'琉球红'
花型	重瓣	重瓣	单瓣
花色	紫红色	深粉红	橘红
开花次数	多季花	2季花	1季花

红宝石寿星桃

（桃花）

联系人：孟献旗

联系方式：13839932012 国家：中国

申请日：2012年8月17日

申请号：20120131

品种权号：20130035

授权日：2013年6月28日

授权公告号：国家林业局公告（2013年第13号）

授权公告日：2013年9月23日

品种权人：王华明

培育人：王华明、邵明丽、孟献旗、袁向阳

品种特征特性：'红宝石寿星桃'是由寿星桃实生变异选育获得。落叶小灌木，植株树体矮小，树形紧凑，节间短，干皮灰褐色，小枝红褐色；新叶鲜红色两侧边缘具规则型黄色斑点，老叶红褐色至墨绿色；花蕾粉红色，花较大，梅花型，重瓣，花初开放时为白色或粉红色具白边，3~5天后变为深粉红色，花期10~15天，果实绿色带红褐色晕，果较小，阔卵形，核阔卵形。'红宝石寿星桃'与近似品种比较的主要不同点如下：

性状	'红宝石寿星桃'	'赤叶寿星'
花型	重瓣	单瓣
花瓣数量	10	5
花色	初开时白色或粉红色具白边，3~5天后转为深粉红色	白色

红宝石寿星桃的果

红宝石寿星桃的茎

红宝石寿星桃的花

红宝石寿星桃的叶

黄金刺槐

（刺槐属）

联系人： 孟献旗

联系方式： 13839932012　国家：中国

申请日：2012年8月17日

申请号：20120132

品种权号：20130036

授权日：2013年6月28日

授权公告号：国家林业局公告
（2013年第13号）

授权公告日：2013年9月23日

品种权人：王华明

培育人：王华明、邵明丽、孟献旗、袁向阳

品种特征特性： '黄金刺槐'是由'金叶刺槐'芽变选育获得。落叶乔木。树冠伞形、浓密。干皮纵深开裂，黑褐色，当年生枝黄褐色；奇数羽状互生，卵形或椭圆形，全缘，金黄色，无托刺；总状花序腋生，花冠白色芳香；荚果扁平，线状长圆形，褐色，光滑，含3～10粒种子，2瓣裂。'黄金刺槐'与近似品种比较的主要不同点如下：

性状	'黄金刺槐'	'金叶刺槐'
夏季叶色	金黄	黄绿
秋季叶色	金黄	橙黄
生长势	中等	强

双蝶舞

（杜鹃花属）

联系人：刘国强

联系方式：0872-2465379　国家：中国

申请日：2012年8月17日

申请号：20120134

品种权号：20130037

授权日：2013年6月28日

授权公告号：国家林业局公告（2013年第13号）

授权公告日：2013年9月23日

品种权人：大理苍山植物园生物科技有限公司、云南特色木本花卉工程技术研究中心

培育人：李奋勇、张长芹、刘国强、钱晓江、张馨

品种特征特性‘双蝶舞’是由‘粉蝶杜鹃’芽变选育获得。常绿灌木，植株矮小60～80cm，幼枝白色，叶片薄纸质，卵状椭圆形或倒卵形，基部楔形，叶柄有淡棕色毛，顶生伞形花序，有花1～3朵；套筒，花梗淡紫色长1.2～1.8cm，密被白色糙伏毛，萼片瓣化为花瓣，花冠阔漏斗形长5.5～6cm，直径约5～6cm，两色，花冠裂片边缘为白色（RHS NN155D），内为紫色（RHS 75D），雄蕊10，花丝紫罗兰色（RHS 84D），长1.51cm，药囊灰色，雌蕊花柱紫罗兰色（RHS 84D），长2.85cm，柱头粉红色，花期2～3月。‘双蝶舞’与近似品种比较的主要不同点如下：

性状	‘双蝶舞’	‘粉蝶杜鹃’
植株大小	矮小，60～80cm	较大，1～1.5m
花型	套筒	单瓣
萼片	瓣化	绿色，大
花梗	红色	淡黄褐色

御金香

（山茶属）

联系人： 王开荣
联系方式： 13957827825 国家：中国

申请日： 2012年8月27日
申请号： 20120139
品种权号： 20130038
授权日： 2013年6月28日
授权公告号： 国家林业局公告（2013年第13号）
授权公告日： 2013年9月23日
品种权人： 宁波黄金韵茶业科技有限公司、余姚市瀑布仙茗绿化有限公司、宁波市白化茶叶专业合作社
培育人： 王开荣、韩震、梁月荣、张龙杰、李明、邓隆、王盛彬

品种特征特性：'御金香'是由当地小叶种群体茶树的实生苗白化变异选育获得。灌木，直立，树体高大，树势强盛，新梢萌展能力、伸展能力强；中叶种，叶片椭圆形，叶长8.5～9.4cm，宽3.4～4.0cm，返绿叶蜡质明显；中生种，芽型粗壮，当地春茶1芽1叶开采期为4月上中旬，百芽重12g；花期10月中旬～12月末，开花、结实能力良好，花朵瓣白蕊黄，花柱浅裂，种子圆球形，直径1.2～1.4cm。光照敏感型、黄色系白化变异种，第一、二轮新梢（4～6月）、秋梢（9～11月）表现黄色白化，成熟后返绿，三、四轮新梢（7～8月）不白化；白化启动光照阀值1.5万lx，光照2.5万lx以上出现明显黄色。'御金香'与近似品种比较的主要不同点如下：

性状	'御金香'	'黄金芽'
白化时期	第一、二轮新梢和秋梢	全年各轮新梢
返绿叶	蜡质	无蜡质
花柱	三裂、浅	三裂、深

黄金斑

（山茶属）

联系人：王开荣

联系方式：13957827825　国家：中国

申请日：2012年8月27日

申请号：20120140

品种权号：20130039

授权日：2013年6月28日

授权公告号：国家林业局公告
（2013年第13号）

授权公告日：2013年9月23日

品种权人：宁波黄金韵茶业科技
有限公司、余姚市瀑布仙茗绿化
有限公司、宁波市白化茶叶专业
合作社

培育人：韩震、王开荣、李明、
王建军、邓隆、张龙杰、梁月
荣、王盛彬

品种特征特性：‘黄金斑’是在当地‘黄金芽’茶园中发现的自然芽变白化株培育获得。灌木，树姿半开张；小叶种，芽型小，叶长椭圆形，叶长 7.8～8.3cm，宽 2.9～3.2cm，春茶 1 芽 1 叶，开采期为 4 月上旬，百芽重约 10g；花期 10 月中旬～12 月末，开花多、结实少，花朵瓣白蕊黄，花柱三裂、深，种子小，直径小于 1.2cm。生态不敏型、复色系白化变异种，白化表现仅限于叶片中间沿主脉两侧、约占全叶 1/4 至 1/2 的位置，色泽呈黄色，并与叶周的绿色构成复色；叶片成熟后，多数叶色返绿、蜡质明显，少数保留复色状态。‘黄金斑’与近似品种比较的主要不同点如下：

性状	‘黄金斑’	‘黄金芽’
白化类型	生态不敏型	光照敏感型
叶色	复色（黄、绿组成）	黄色
白化部位	叶片（沿主脉两侧 1/2～1/4 叶面）	枝、茎、叶

左为‘黄金牙’，右为‘黄金斑’

金玉缘

（山茶属）

联系人：王开荣
联系方式：13957827825　国家：中国

申请日：2012年8月27日

申请号：20120141

品种权号：20130040

授权日：2013年6月28日

授权公告号：国家林业局公告（2013年第13号）

授权公告日：2013年9月23日

品种权人：宁波黄金韵茶业科技有限公司、宁波市白化茶叶专业合作社

培育人：王开荣、张龙杰、王荣芬、张完林、王盛彬、吴颖

品种特征特性：'金玉缘'是由'黄金芽'茶的芽变枝培育获得。灌木，树姿半开张，树势中等；叶长椭圆形，叶长约8.0cm，宽约为3.0cm。当地春茶1芽1叶开采期为4月上旬；芽型小，1芽1叶，百芽重约10g；花期10月中旬~12月末，开花多，结实少，花朵瓣白蕊黄，花柱三裂、深，种子小。该品种属复合型、复色系白化变异种。春、夏、秋等三季新梢萌展过程中，沿主脉两侧、约占全叶1/4至1/2的叶片中间部分，呈白色白化；叶周部分呈黄色；茎在伸展生长过程中由乳黄趋于白色，枝梢成熟时达到最大白色程度。新梢叶片由白、黄组成复色叶，而全树叶色由黄、白、绿（树冠下部返绿叶）构成三色复色。枝、叶的白色部分形成不受外界生态条件影响，而叶周部分的叶色变化与光照有关。'金玉缘'与近似品种比较的主要不同点如下：

性状	'金玉缘'	'黄金芽'
白化变型	复合型	光照敏感型
白化色系	复色系（黄、白）	黄色系
枝条色系	乳黄~白色	黄色
叶片白色部位	叶片（沿主脉两侧1/2~1/4叶面）	无

如意

（杜鹃花属）

联系人：方永根

联系方式：13806783670　国家：中国

申请日：2012年9月15日

申请号：20120144

品种权号：20130041

授权日：2013年6月28日

授权公告号：国家林业局公告（2013年第13号）

授权公告日：2013年9月23日

品种权人：金华市永根杜鹃花培育有限公司

培育人：方永根、陈念舟

品种特征特性：'如意'是由母本'御代之荣'、父本'若姪子'经杂交选育获得。常绿杜鹃，长势强健，株型紧凑，枝叶茂密。抗病性强，抗螨虫，耐晒，耐高温，稍耐寒。新枝绿色，新枝和叶正反面具黄绿色伏毛。叶纸质，卵圆形，先端黄绿色突尖，叶基宽楔形，叶面内凹，叶色深绿有光泽，叶柄长0.5~0.6cm，叶长2.3~3cm，叶宽1.3~1.7cm。花序伞形顶生，单瓣，有4~6花，花径4cm左右，中花型。花萼浅绿色，花柱浅粉色，花形阔漏斗形，雄蕊6枚，花冠外缘粉红色向内渐趋白色，内形面有浅紫色纹饰。花期在金华为3月~4月初。'如意'与近似品种比较的主要不同点如下：

性状	'如意'	'御代之荣'	'若姪子'
花型	中型花	大型花	中型花
花冠颜色	外缘粉红色向内渐趋白色	粉红色	外缘深粉红色向内渐趋白色
每花苞开花数	4~6朵	2朵	2朵

阳光男孩

（榆属）

联系人：黄印舟
联系方式：13933001838　国家：中国

申请日：2012年10月18日
申请号：20120149
品种权号：20130042
授权日：2013年6月28日
授权公告号：国家林业局公告
（2013年第13号）
授权公告日：2013年9月23日
品种权人：黄印朋
培育人：黄印舟、张均营、闫淑
芳、黄晓旭、黄铃彤、黄印朋

品种特征特性：‘阳光男孩’是由实生苗选育获得。落叶乔木，主干通直，树冠长卵圆形，速生，胸径年生长量可达 2.0～3.5cm。胸径4～15cm时的树干呈灰绿色，无纵裂纹，表皮光滑，皮孔清晰可见。一年生枝条呈红褐色，生长健壮，分枝角度小，约 20°～40°，侧枝均斜向上直立，树冠紧凑。花先叶开放，为紫红色，果实倒卵圆形，长 1.0～2.0cm。叶片大且厚，长 8.5～12.5cm，叶片宽 4.5～6.5cm，形似樱花树叶，呈深绿色。托叶较大，托叶长 0.7～0.9cm。‘阳光男孩’与白榆比较的主要不同点如下：

性状	‘阳光男孩’	白榆
叶片	大而厚	小而薄
枝条	红褐色，粗壮，分枝角较小	浅灰色，细软，分枝角较大
树皮	表皮光滑	表皮粗糙、长条状纵裂

阳光女孩

（榆属）

联系人：黄印冉
联系方式：13933001838　国家：中国

申请日：2012年10月18日
申请号：20120150
品种权号：20130043
授权日：2013年6月28日
授权公告号：国家林业局公告
（2013年第13号）
授权公告日：2013年9月23日
品种权人：河北省林业科学研究
院
培育人：黄印冉、张均营、刘
俊、闫淑芳、贾宗锴、徐振华

品种特征特性：'阳光女孩'是由实生苗选育获得。落叶乔木，树冠呈阔倒卵形。'阳光女孩'树皮灰白色，无纵裂纹或少纵裂纹，幼树皮部光滑，皮孔清晰可见。幼枝呈黄绿色，分枝角度大，约60°～80°，柔软下垂。花先叶开放，为紫红色；果实倒卵圆形，长1.0～2.0cm。叶片较大，长4.0～8.0cm，宽3.0～4.0cm；叶片皱褶，叶基两边呈明显不对称状，极偏斜。托叶较大，长0.5～0.8cm。'阳光女孩'与白榆比较的主要不同点如下：

性状	'阳光女孩'	白榆
叶片	大而厚、叶基极偏斜	小而薄、叶基稍偏斜
枝条	黄绿色，下垂，分枝角较大	浅灰色，分枝角较小
树皮	灰白色，无纵裂纹，表皮光滑	暗灰色，树皮开裂，表皮粗糙

亮叶桔红

（杜鹃花属）

联系人：朱平
联系方式：13736079192　国家：中国

申请日：2012年11月17日
申请号：20120175
品种权号：20130044
授权日：2013年6月28日
授权公告号：国家林业局公告
（2013年第13号）
授权公告日：2013年9月23日
品种权人：沃科军
培育人：方永根

品种特征特性： '亮叶桔红'是以母本'雅士'、父本'粉西施'杂交选育获得。常绿杜鹃，长势强，枝细而繁密，新枝浅绿色。叶纸质，长椭圆形，先端圆，叶面微内卷并略凹，叶长4～5cm，叶宽1～2cm，叶色亮绿。花序伞形顶生，有2花，无花萼。花形为双套筒漏斗形，花冠橘红色，内形面有紫红色纹饰，花柱浅绿色，雄蕊5枚以上，中型花。盛花期宁波为4月下旬。'亮叶桔红'与近似品种比较的主要不同点如下：

性状	'亮叶桔红'	'雅士'	'粉西施'
花型	套瓣	重瓣	套瓣
花大小	中花	大花	小花
花色	橘红色	粉色	粉紫色
叶面光泽	有	无	无

观音

（榆属）

联系人：王建国

联系方式：15038805111　国家：中国

申请日：2011年11月23日
申请号：20110138
品种权号：20130045
授权日：2013年6月28日
授权公告号：国家林业局公告
（2013年第13号）
授权公告日：2013年9月23日
品种权人：王建国
培育人：王建国

品种特征特性： '观音'是由白榆芽变选育获得。小乔木，主干不明显，枝条细密，树冠圆形，春夏秋三季树冠雪白。叶片较小，着叶量大。春季新叶浅黄色，随叶片成熟变为白色，春末又变为带白边的灰绿色；树冠外层新叶为白色。'观音'与近似品种比较的主要不同点如下：

品种、种	叶色	叶大小	枝条
'观音'	白色或白边	较小	细密
白榆	浅绿色	中等	中等

红荷一品红

（大戟属）

联系人： 郁书君

联系方式： 010-87734577/13430398811　国家：中国

申请日：2011年8月18日

申请号：20110094

品种权号：20130046

授权日：2013年6月28日

授权公告号：国家林业局公告
（2013年第13号）

授权公告日：2013年9月23日

品种权人：东莞市农业种子研究所

培育人：黄子锋、周厚高、王凤兰、王燕君、赖永超、卢美峰

品种特征特性：'红荷一品红'是以'威望'为母本、'金奖'为父本杂交选育获得。植株生长势强，株型直立，株高平均55cm，冠幅平均50cm；叶片尖卵形，叶端尖形，叶缘平滑，少量有1锯齿，叶片平展，叶色深绿；叶长平均12.6cm，宽平均8.6cm；花枝顶部红色，节间长平均2.5cm，粗度平均8mm，枝杆粗壮；花色暗红，花头直径18cm，苞叶数量38枚。苞叶内卷，形似荷花。苞叶窄倒卵形，长9cm，宽7cm；花色较暗，苞叶数量多，由于苞叶内卷，花头直径小。短日处理到开花约需50天，自然花期为11月下旬开始转色，盛花期在12月下旬。分枝性能较弱。'红荷一品红'与近似品种比较的主要不同点如下：

品种	叶形	苞片形状	苞片基部形状
'红荷一品红'	尖卵形	窄倒卵形	窄楔形
'威望'	阔卵形	卵形	圆形
'金奖'	卵形	菱形	楔形

花轿

（蔷薇属）

联系人：王其刚
联系方式：13577044553　国家：中国

申请日：2010年11月25日

申请号：20100083

品种权号：20130047

授权日：2013年6月28日

授权公告号：国家林业局公告（2013年第13号）

授权公告日：2013年9月23日

品种权人：云南省农业科学院花卉研究所

培育人：蹇洪英、王其刚、邱显钦、张婷、张颢、晏慧君、王继华、唐开学

品种特征特性：'花轿'是从亲本'维西利亚'（Versilia）芽变培育获得。'花轿'为灌木，植株直立。皮刺为平直刺，浅棕色，大小中等，茎中上部无皮刺，中下部节间皮刺数量2～5枚。嫩枝微红棕色，嫩叶正面微红棕色、背面红棕色，成熟叶片具小叶5～7枚，卵圆形，大小中等，深绿色，革质，光泽度弱；顶生小叶叶基圆形，叶尖凸尖，叶缘具细密复锯齿，叶柄、叶轴背面具2～4枚短刺。花单生茎顶，桃红色，高心杯状中花型；花瓣数27～30枚，花径8～10cm；花瓣圆瓣形，花瓣边缘反折程度较强、无波形；萼片延伸较弱。切枝长度60～80cm，花梗长度中等且坚韧，少量刺毛。植株生长旺盛，年产量18枝/株。鲜切花瓶插期8～10天。'花轿'与近似品种'帕瓦罗蒂'比较的不同点如下：

品种	刺形	叶柄、叶轴短刺数	花瓣数量	花瓣边缘波形
'花轿'	平直刺	2～4	37～30	无
'帕瓦罗蒂'	斜直刺	1～3	25～30	强

粉荷

（蔷薇属）

联系人：俞红强
联系方式：13601081479　国家：中国

申请日：2011年7月18日
申请号：20110051
品种权号：20130048
授权日：2013年6月28日
授权公告号：国家林业局公告
（2013年第13号）
授权公告日：2013年9月23日
品种权人：中国农业大学
培育人：俞红强

品种特征特性：'粉荷'是以'巨型美地兰'为母本开放授粉杂交选育获得。藤本月季，嫩枝花青素着色为 RHS 177B，枝条具皮刺，多为长皮刺；叶片长度为 4.9cm，宽度为 4.3cm，叶片上表面具中到强光泽；开花花梗无皮刺，花蕾为卵圆形；花型为重瓣，花瓣数量为 38 枚，花径为 8.9cm；无香气；花瓣大小为 3.5cm×3.4cm；俯视花朵为圆形；花萼伸展为极强；花瓣内侧中部及边缘颜色粉色，分别为 RHS 66A 和 RHS 53B，花瓣外侧中部及边缘颜色为粉色，分别为 RHS 66A 和 RHS 53B；花瓣边缘折卷弱，向外翻；外部雄蕊花丝为粉色；初花时间为 5 月下旬，开花习性为一季开花。'粉荷'与近似品种比较的主要不同点如下：

品种	花梗皮刺	花蕾形状	花萼伸展	花瓣边缘	外部花丝
'粉荷'	无	卵圆形	极强	外翻	粉色
'巨型美地兰'	稀疏	尖圆形	弱到中	内卷	浅粉色

碧玉

（蔷薇属）

联系人：杨玉勇
联系方式： 0871-7441128　国家：中国

申请日：2011年8月15日
申请号：20110087
品种权号：20130049
授权日：2013年6月28日
授权公告号：国家林业局公告
（2013年第13号）
授权公告日：2013年9月23日
品种权人：昆明杨月季园艺有限
责任公司
培育人：杨玉勇、蔡能、李俊、
赖显凤

品种特征特性：'碧玉'是用母本'金牛'、父本'可爱的绿'（Lovely Green）杂交选育获得。灌木型，枝条直立，粗壮硬挺；皮刺中等偏大，黄绿色斜直刺，花梗上有毛刺；花朵高心平瓣型，花径12～15cm，花瓣数20～25枚；花初开时，花瓣呈黄绿色150C，开放后转为绿色142B；叶大小中等，革质绿色，叶脉清晰，小叶5枚，偶有7枚，近花莛处4～5片叶为1枚小叶，顶端小叶椭圆形；切枝长度60～70cm，切花年产量14～16枝/株，瓶插期10～15天。
'碧玉'与近似品种比较的主要不同点如下：

品种	花瓣颜色
'碧玉'	初开时呈黄绿色150C，开放后绿色142B
'金牛'	黄色2D
'可爱的绿'	浅黄绿色145C

中国林业植物授权新品种（2013）　　　　　　　　　　　　　　　　49

彩玉

（蔷薇属）

联系人：杨玉勇
联系方式：0871-7441128　国家：中国

申请日：2011年8月15日
申请号：20110088
品种权号：20130050
授权日：2013年6月28日
授权公告号：国家林业局公告
（2013年第13号）
授权公告日：2013年9月23日
品种权人：昆明杨月季园艺有限
责任公司
培育人：杨玉勇、蔡能、李俊、
赖显凤

品种特征特性：'彩玉'是用母本'阳光粉'（Zafi）、父本'可爱的绿'（Lovely Green）杂交选育获得。灌木型，枝条直立，粗壮硬挺；皮刺中等，极多，黄色斜直略弯；花朵高芯卷边型，花径10～12cm，花瓣数30～35枚；花瓣呈粉色56B，背面色深49A，外缘2～3层花瓣边缘泛绿色；叶中等偏小，顶端小叶窄椭圆形，略显细长，微皱，叶革质绿色，叶脉清晰，叶表面光泽强，小叶5枚，偶有7枚，近花莛处3枚完整；切枝长度60～70cm，切花年产量16～18枝/株，瓶插期10～15天。'彩玉'与近似品种比较的主要不同点如下：

品种	花瓣颜色
'彩玉'	粉色56B，背面色深49A，外缘2～3层花瓣边缘泛绿色
'阳光粉'	粉色，正面49B，背面色稍浅49D
'可爱的绿'	浅绿色145C

月光石

联系人：杨玉勇
联系方式：0871-7441128　国家：中国

申请日：2011年8月15日
申请号：20110089
品种权号：20130051
授权日：2013年6月28日
授权公告号：国家林业局公告
（2013年第13号）
授权公告日：2013年9月23日
品种权人：昆明杨月季园艺有限
责任公司
培育人：杨玉勇、蔡能、李俊、
赖显凤

品种特征特性：'月光石'是通过'兰丝带'（Blue Ribbon）自交选育获得。灌木型，枝条半开张，较细；皮刺中等，数量中等偏少，黄色微红弯刺，花梗上有毛刺；花朵高心卷边杯状形，花径7～9cm，花瓣数40～45枚；花瓣圆形，白色155C，温度低时，中心花瓣有明显浅蓝紫色晕边；叶中等大小，纸质绿色，叶脉清晰，小叶5枚，偶有7枚，近花莛处3枚完整且近对生，顶端小叶椭圆形；植株高度70～90cm，侧花芽4～6个，瓶插期7～10天。'月光石'与近似品种比较的主要不同点如下：

品种	花瓣颜色
'月光石'	白色155C，温度低时中心花瓣有浅蓝紫色晕边
'兰丝带'	蓝紫色91D

石榴石

（蔷薇属）

联系人：杨玉勇

联系方式：0871-7441128　国家：中国

申请日：2011年8月15日

申请号：20110091

品种权号：20130052

授权日：2013年6月28日

授权公告号：国家林业局公告
（2013年第13号）

授权公告日：2013年9月23日

品种权人：昆明杨月季园艺有限
责任公司

培育人：杨玉勇、蔡能、李俊、
赖显凤

品种特征特性：'石榴石'是用母本'索菲亚'（Saphir）、父本'兰美人'（Lavender Masscara）杂交选育获得。灌木型，枝条直立，粗壮硬挺；皮刺数量中等，中等偏小，黄色，斜直略弯；花朵高心卷边形，花径 10～12cm，花瓣数 25～30 枚；花瓣呈紫红色 68C；叶中等，革质绿色，叶脉清晰，深而均匀，小叶 5 枚，偶有 7 枚，近花莛处 3 枚完整且近对生，顶端小叶卵形；切枝长度 70～80cm，切花年产量 16～18 枝 / 株，瓶插期 10～15 天。'石榴石'与近似品种比较的主要不同点如下：

品种	花瓣颜色
'石榴石'	紫红色 68C
'索菲亚'	粉色 49A
'兰美人'	紫红色 65B

粉妆阁

（蔷薇属）

联系人：王其刚
联系方式：13577044553 国家：中国

申请日：2010年11月25日

申请号：20100080

品种权号：20130053

授权日：2013年6月28日

授权公告号：国家林业局公告（2013年第13号）

授权公告日：2013年9月23日

品种权人：云南丽都花卉发展有限公司、云南省农业科学院花卉研究所

培育人：王其刚、蹇洪英、朱应雄、邱显钦、张颢、唐开学、王继华、解定福、骆礼宾

品种特征特性：‘粉妆阁’是 2008 年在‘粉妆’品种上发现的芽变，采用嫁接繁殖培育获得。‘粉妆阁’为窄灌木，植株皮刺为斜直刺，大小中等，茎上部无刺，中下部节间皮刺 2～4 枚，皮刺浅绿色。小叶卵形，大小中等，浅绿色，叶尖锐尖，叶基心形，叶缘具粗复锯齿，光泽度弱。花单生茎顶，粉色，花梗长且具韧性，有少量刺毛；花形杯状，花瓣圆形，花瓣边缘反折强；花瓣内瓣比外瓣颜色深，花瓣数 110～120 枚。‘粉妆阁’与近似品种‘俏姑娘’比较的不同点如下：

品种	皮刺颜色	顶端小叶叶基	顶端小叶叶尖	花瓣形状	花瓣数量	花瓣边缘反折程度
‘粉妆阁’	浅绿色	心形	锐尖	圆形	110～120	很强
‘俏姑娘’	浅棕色	圆形	突尖	扇形	35～45	强

红丝带

（蔷薇属）

联系人：王其刚
联系方式：13577044553　国家：中国

申请日：2010年11月25日
申请号：20100082
品种权号：20130054
授权日：2013年6月28日
授权公告号：国家林业局公告
（2013年第13号）
授权公告日：2013年9月23日
品种权人：云南丽都花卉发展有
限公司、云南省农业科学院花卉
研究所
培育人：王其刚、塞洪英、张
颢、朱应雄、晏慧君、张婷、唐
开学、孙纲、刘亚萍

品种特征特性： '红丝带'是以切花月季品种'好莱坞'（Hollywood）为母本、'地平线'（Skyline）为父本杂交选育获得。'红丝带'为灌木，植株直立。皮刺为平直刺，刺红褐色、基部较宽，茎中上部少刺，中下部皮刺数量中等，小密刺数量中等。小叶卵形，叶脉清晰、深绿色，叶表面有强光泽；5小叶，叶缘复锯齿，顶端小叶叶尖凸尖，叶基心形，嫩枝、嫩叶微红棕色。花单生茎顶，红色，高心阔瓣杯状形；内外花瓣颜色均匀，花瓣数38～43枚；花瓣圆瓣形，花径9～12cm；萼片延伸程度中等。切枝长度100～120cm，花枝均匀，花梗长而坚韧，少量刺毛。植株生长旺盛，年产量20枝/株。鲜切花瓶插期8～10天。'红丝带'与近似品种 '黑魔术'比较的不同点如下：

品种	长刺形态	叶表面光泽	顶端小叶叶基	顶端小叶叶尖	花色	花瓣数量	花瓣边缘波状程度
'红丝带'	平直刺	强	心形	凸尖	红色	38～43	强
'黑魔术'	斜直刺	中等	楔形	渐尖	深红色	35～40	弱

尼尔普坦(Nirptan)

（蔷薇属）

联系人：尼古拉·诺瓦若

联系方式：0039-3287590　国家：意大利

申请日：2011年3月10日

申请号：20110019

品种权号：20130055

授权日：2013年6月28日

授权公告号：国家林业局公告
（2013年第13号）

授权公告日：2013年9月23日

品种权人：里维埃拉卢克斯公司
(LUX RIVIERA S.R.L.)

培育人：阿勒萨德·吉尔纳
(Alessandro Ghione)

品种特征特性：'尼尔普坦'（Nirptan）是以未命名的实生苗为母本、'香月季'（Spicy）为父本杂交选育获得。植株窄灌型、直立，株高、冠幅中等；幼枝花青甙显色中等，枝条具刺，数量少，显色呈绿色。叶片大小中等，形状卵圆，叶浅至中绿色，表面光泽度弱，小叶边缘波状中等，顶端小叶叶基钝。花蕾纵剖面卵形，花重瓣，主色橙色，双头花，花朵直径大；花瓣为不规则圆形，数量多，花瓣缺刻无或弱，边缘波状弱、反卷中等；内瓣主色为黄色、基部渐浅，内瓣基部有小斑点，斑点颜色浅黄；花丝主色橙色。花香味无或弱。

'尼尔普坦'与近似品种比较的不同点如下：

品种	花瓣数量	花瓣边缘反卷程度
'特瑞莎2000'（Tresor2000）	中	弱
'尼尔普坦'（Nirptan）	多	中

瑞克格1636a(Ruicg1636a)

（蔷薇属）

联系人：汉克·德·格罗特

联系方式：+3120643651 国家：荷兰

申请日：2011年3月29日

申请号：20110024

品种权号：20130056

授权日：2013年6月28日

授权公告号：国家林业局公告（2013年第13号）

授权公告日：2013年9月23日

品种权人：迪瑞特知识产权公司(De Ruiter Intellectual Property B.V.)

培育人：汉克·德·格罗特 (H.C.A.de Groot)

品种特征特性： '瑞克格1636a'（Ruicg1636a）是以'瑞罗拉普'（Ruirorap）为母本、'坦98283'（Tan98283）为父本杂交选育获得。植株直立，株型紧凑，幼枝花青素显色极弱，主枝皮刺极少；叶片小到中，上表面颜色淡绿，无花青素着色，表面光泽度弱；小叶形状为卵形；花重瓣，花瓣数多；花形状为不规则圆形，花朵直径中；花属紫红色系，为紫红（RHS 0058C），花瓣外侧的颜色为红色（RHS 0042B）；花丝颜色为淡黄；属于单花头品种；花香味中等。'瑞克格1636a'与近似品种比较的主要不同点如下：

品种	主枝皮刺数量	小叶形状	花色	花丝颜色
'瑞罗拉普'（Ruirorap）	中等	圆形	红色	粉色
'瑞克格1636a'（Ruicg1636a）	极少	卵形	紫红	淡黄

热舞

（蔷薇属）

联系人：俞红强
联系方式：13601081479 国家：中国

申请日：2011年7月18日
申请号：20110054
品种权号：20130057
授权日：2013年6月28日
授权公告号：国家林业局公告
（2013年第13号）
授权公告日：2013年9月23日
品种权人：中国农业大学
培育人：俞红强

品种特征特性：'热舞'是以'艾丽'为母本、以'普尔曼东方快车'为父本杂交选育获得。矮丛型月季，植株直立生长，植株高度为 74cm，植株宽度为 82cm；嫩枝无花青素着色，枝条具直刺，长短刺均有分布；叶片长度为 7.1cm，宽度为 5.4cm，叶片上表面具中度光泽；顶端小叶叶基部形状为心形；开花花梗无皮刺，花蕾为卵圆形；花型为重瓣，花瓣数量为 20 枚，花径为 11.5cm；具微香气；俯视花朵为星形；花萼伸展为强至极强；花瓣大小为 5.5cm×5.2cm，花瓣内侧中部颜色为 RHS 50B、花瓣内侧边缘颜色为 RHS 66A，花瓣外侧中部颜色为 RHS 50B、边缘颜色为 RHS 58D；花瓣边缘折卷中，向外翻；外部雄蕊花丝为淡黄色；初花时间为 5 月上旬、开花习性为连续开花。'热舞'与近似品种比较的主要不同点如下：

品种	嫩枝花青素	顶端小叶叶基	花梗皮刺	花萼伸展	外部花丝
'热舞'	无	心形	无	强至极强	淡黄色
'粉和平'	RHS 172B	圆形	密	极弱	红色

雨花石

（蔷薇属）

联系人：杨玉勇

联系方式：0871-7441128　国家：中国

申请日：2011年8月15日

申请号：20110090

品种权号：20130058

授权日：2013年6月28日

授权公告号：国家林业局公告（2013年第13号）

授权公告日：2013年9月23日

品种权人：昆明杨月季园艺有限责任公司

培育人：杨玉勇、蔡能、李俊、赖显凤

品种特征特性：'雨花石'是用母本'艾玛'（Emma）、父本'往日情怀'杂交选育获得。灌木型，枝条直立，粗壮硬挺；皮刺大偏少，红色斜直刺，花梗上有毛刺；花朵高心翘角杯状形，花径12～14cm，花瓣数35～40枚；花瓣呈白色带粉色晕边，花瓣色号155B，彩边粉紫色，色号69B；叶中等偏大，革质绿色，叶脉清晰，深而均匀，小叶5枚，偶有7枚，近花莛处3枚完整且近对生，顶端小叶椭圆形；切枝长度70～80cm，切花年产量14～16枝/株，瓶插期10～15天。'雨花石'与近似品种比较的主要不同点如下：

品种	花瓣颜色
'雨花石'	白色155B，粉色晕边，彩边粉紫色69B
'艾玛'	粉白色155C，中心浅粉色，内瓣49C
'往日情怀'	旧粉色，正面18C，背面36B

醉红颜

（蔷薇属）

联系人：俞红强
联系方式：13601081479 国家：中国

申请日：2012年6月12日
申请号：20120080
品种权号：20130059
授权日：2013年6月28日
授权公告号：国家林业局公告
（2013年第13号）
授权公告日：2013年9月23日
品种权人：中国农业大学
培育人：刘青林、游捷、俞红强

品种特征特性：'醉红颜'是由母本'巨型美地兰'、父本'第一玫瑰红'杂交培育获得。为矮丛型月季，直立生长，植株平均高度78.6cm，平均宽度为58.5cm；嫩枝花青素着色为无，枝条具直刺，多为长刺；第一次开花时，叶片上表面光泽为中；顶端小叶叶基圆形；花梗无密皮刺，花蕾卵圆形；花色为粉色系，花型为重瓣，平均花瓣数量为89枚，花径为13.9cm；具浓香气；俯视花朵为圆形；花萼伸展为强至极强；花瓣里面颜色为 RHS 62A，花瓣外面颜色为 RHS 63B 至 66C；花瓣边缘反卷，边缘无波状；外部雄蕊花丝为黄色；初花时间为5月底、开花习性为连续开花。'醉红颜'与近似品种比较的主要不同点如下：

性状	'醉红颜'	'第一玫瑰红'
嫩枝花青素	无	有
平均花瓣数	89	48
花瓣里面颜色	粉色 RHS 62A	粉色 RHS 57A
花丝的主要颜色	黄色	淡粉色

美人香

（蔷薇属）

联系人：俞红强
联系方式：13601081479　国家：中国

申请日：2012年6月12日
申请号：20120081
品种权号：20130060
授权日：2013年6月28日
授权公告号：国家林业局公告
（2013年第13号）
授权公告日：2013年9月23日
品种权人：中国农业大学
培育人：刘青林、游捷、俞红强

品种特征特性：'美人香'是由母本'香欢喜'、父本'艾丽'杂交培育获得。矮丛型月季，直立生长，植株平均高度为83.9cm，平均宽度为89.3cm；嫩枝花青素着色为弱，枝条具斜直刺，多为长刺；第一次开花时，叶片上表面光泽强；顶端小叶叶基心形；开花花梗无密皮刺，花蕾为卵圆形；花色为橙混合色系，花型为重瓣，平均花瓣数量为52枚，平均花径为9.9cm；具极浓香气；俯视花朵为圆形；花萼伸展为极弱到弱；花瓣大小为4.8cm×4.4cm，花瓣里面主色为RHS 29D，次色为9A，次要颜色分布在基部；花瓣边缘反卷，边缘无波状；外部雄蕊花丝为黄色；初花时间为4月底、开花习性为连续开花。'美人香'与近似品种比较的主要不同点如下：

性状	'美人香'	'艾丽'
枝条刺状态	斜直刺	弯刺
顶端小叶叶基	心形	圆形
花色	橙混合色系	粉混合色系
平均花瓣数	52	34.5

莱克赛蕾(Lexaelat)

（蔷薇属）

联系人： 亚历山大·尤瑟夫·福伦（Alexander Jozef Voorn）

联系方式： 0031-297361422 国家：荷兰

申请日：2008年2月20日

申请号：20080011

品种权号：20130061

授权日：2013年6月28日

授权公告号：国家林业局公告（2013年第13号）

授权公告日：2013年9月23日

品种权人： 莱克斯月季公司(Lex+B.V.)

培育人： 亚历山大·尤瑟夫·福伦(Alexander Jozef Voorn)

品种特征特性： '莱克赛蕾'（Lexaelat）是在荷兰的库德斯塔特（Kudelstaart）进行杂交试验，母本为'Avalanche+'，父本为'Osiana'，经杂交选育获得。'莱克赛蕾'（Lexaelat）瘦灌木，植株高度矮至中等；嫩枝红褐色，枝条皮刺多，叶绿色，叶片较大；花奶白色至浅粉色，不规则圆形至星形，重瓣，萼片较大。'莱克赛蕾'（Lexaelat）与对照品种'莱克思尔'（Lexode）相比较的不同点为：'莱克赛蕾'的花较大（直径5~6cm），花瓣较多（约40~45枚），'莱克思尔'（Lexode）的花较小（直径4~5cm），花瓣较少（约30~35片）；'莱克赛蕾'（Lexaelat）比'莱克思尔'切花产量高。在荷兰的种植条件下，'莱克赛蕾'（Lexaelat）的切花年产量为220~240枝/m²，'莱克思尔'（Lexode）为180~200枝/m²。'莱克赛蕾'（Lexaelat）适宜一般温室条件下的栽培生产，采用常规的工厂化生产管理方式栽培。

莱克思诺(Lexgnok)

（蔷薇属）

联系人：亚历山大·尤瑟夫·福伦（Alexander Jozef Voorn）
联系方式：0031-297361422 国家：荷兰

申请日：2006年12月13日
申请号：20060051
品种权号：20130062
授权日：2013年6月28日
授权公告号：国家林业局公告
（2013年第13号）
授权公告日：2013年9月23日
品种权人：莱克斯月季公司
(Lex+B.V.)
培育人：亚历山大·尤瑟夫·福伦(Alexander Jozef Voorn)

品种特征特性：'莱克思诺'（Lexgnok）是由母本'Versilia'与父本'LR 98-217'经杂交育种获得的。'莱克思诺'（Lexgnok）为瘦灌木，植株高度矮至中等；嫩枝浅红褐色，枝条下部皮刺较多；叶绿色，叶片中等大小，上表面光泽较弱；花呈不规则圆形至星形，花大，重瓣，粉色或紫色。与对照品种'莱克瑞斯'（Lexoris）相比，'莱克思诺'（Lexgnok）的花色为粉色或紫色，'莱克瑞斯'的花色为橙色；'莱克思诺'（Lexgnok）的切花产量高于"莱克瑞斯"。'莱克思诺'（Lexgnok）必须在温室内种植，以可调节温度的温室为最佳；性喜温暖、湿润和光照，喜肥和微酸性土壤；最适生长条件为平均气温18℃，夜间最低气温为16℃，白天最高气温为25℃；土壤EC值为1.0，pH为5～6。

莱克思蒂(Lexteews)

（蔷薇属）

联系人：亚历山大·尤瑟夫·福伦（Alexander Jozef Voorn）

联系方式：0031-297361422　国家：荷兰

申请日：2008年2月20日

申请号：20080009

品种权号：20130063

授权日：2013年6月28日

授权公告号：国家林业局公告（2013年第13号）

授权公告日：2013年9月23日

品种权人：莱克斯月季公司(Lex+B.V.)

培育人：亚历山大·尤瑟夫·福伦(Alexander Jozef Voorn)

品种特征特性：‘莱克思蒂’（Lexteews）是在荷兰的库德斯塔特（Kudelstaart）进行杂交试验，母本为"nr.96−54"，父本为"nr.94−183"，经杂交选育获得。‘莱克思蒂’（Lexteews）为瘦灌木，植株高度矮至中等；枝条下部皮刺较多；叶绿色，叶片中等大小，上表面光泽中等；花浅粉色，重瓣，大小中等。‘莱克思蒂’（Lexteews）与对照品种‘勒克桑尼’（Lexani）相比较的不同点为：‘莱克思蒂’的花为浅粉色，‘勒克桑尼’的花为白色。‘莱克思蒂’（Lexteews）适宜一般温室条件下的栽培生产，采用常规的工厂化生产管理方式栽培。

Sweet Avalanche+　　　　　Avalanche+

Lexteews　　　　　Lexani

莱克思柯(Lexhcaep)

（蔷薇属）

联系人：亚历山大·尤瑟夫·福伦（Alexander Jozef Voorn）
联系方式：0031-297361422　国家：荷兰

申请日：2008年2月20日

申请号：20080010

品种权号：20130064

授权日：2013年6月28日

授权公告号：国家林业局公告（2013年第13号）

授权公告日：2013年9月23日

品种权人：莱克斯月季公司(Lex+B.V.)

培育人：亚历山大·尤瑟夫·福伦(Alexander Jozef Voorn)

品种特征特性：'莱克思柯'（Lexhcaep）是在荷兰的库德斯塔特（Kudelstaart）进行杂交试验，母本为"nr.96-54"，父本为"nr.94-183"，经杂交选育获得。'莱克思柯'（Lexhcaep）为瘦灌木，植株高度矮至中等；枝条下部皮刺较多；叶绿色，叶片中等大小，上表面光泽中等；花较大，浅橙色，重瓣。'莱克思柯'（Lexhcaep）与对照品种'勒克桑尼'（Lexani）相比较的不同点为：莱克思柯的花为浅橙色，'勒克桑尼'的花为白色。'莱克思柯'（Lexhcaep）适宜一般温室条件下的栽培生产，采用常规的工厂化生产管理方式栽培。

Peach Avalanche+
Lexhcaep

Avalanche+
Lexani

勒克桑尼(Lexani)

（蔷薇属）

联系人：亚历山大·尤瑟夫·福伦（Alexander Jozef Voorn）

联系方式：0031-297361422　国家：荷兰

申请日：2006年1月10日

申请号：20060007

品种权号：20130065

授权日：2013年6月28日

授权公告号：国家林业局公告（2013年第13号）

授权公告日：2013年9月23日

品种权人：莱克斯月季公司（Lex+B.V.）

培育人：亚历山大·尤瑟夫·福伦(Alexander Jozef Voorn)

品种特征特性：'勒克桑尼'（Lexani）的母本为编号 NR 96-54 实生苗，父本为编号 NR 94-183 实生苗，经杂交，播种，选种，扦插繁殖获得。'勒克桑尼'植株直立，枝刺数量中等，花蕾卵圆形，花白色（RHS155B），香味淡，花朵较大，花径 5～6cm，花瓣数量多（50～55），鲜花年产量高（200～220 枝 /m²），枝条长度70～90cm, 叶片长 5cm, 宽 5cm。与近似品种'勒克撒丰'比较，'勒克桑尼'花较大，直径 5～6cm，'勒克撒丰'花直径 4～5cm；'勒克桑尼'有 50～55 片花瓣，'勒克撒丰'有 35～40 片花瓣；'勒克桑尼'花年产量更高，200～220 枝 /m²，'勒克撒丰'花年产量为 180～200 枝 /m²。'勒克桑尼'必须温室种植，适宜 pH 5～6。

奎因思达(Queen Star)

（紫金牛属）

联系人：盖特·克罗哈特

联系方式：0031-703193566 国家：荷兰

申请日：2009年4月8日

申请号：20090017

品种权号：20130066

授权日：2013年6月28日

授权公告号：国家林业局公告（2013年第13号）

授权公告日：2013年9月23日

品种权人：D.L.范登博思(D.L.van den Bos)

培育人：狄克·范登博思(Dick van den Bos)

品种特征特性： '奎因思达'(Queen Star) 是 2000 年在大批量的原种朱砂根播种苗中发现的一个优异单株，同年，将此单株选留采种，随之进行第一次播种繁育。后经连续数番单株优选、栽培观测，至 2004 年，最终确定育成该新品种。'奎因思达'(Queen Star) 株型紧凑，株高矮到中；茎干粗度中，颜色绿；分枝密，节间长度短；叶片形状狭椭圆，顶端形状锐尖，基部形状锐尖，叶缘锯齿数中，表面波状极弱，长度短到中，宽度窄；未成熟叶片表面颜色139A，成熟叶片表面颜色较 139A 稍淡，背面颜色147B；叶片变色无，有光泽，叶柄长度短；果实成熟的整果形状球形，纵轴长度中到长，横轴长度中到长，果色 45B，数量中，着色时期中。'奎因思达'(Queen Star) 与近似种朱砂根（ A. crenata ）比较的不同点为：'奎因思达'(Queen Star) 株型紧凑，叶片长度短到中、宽度窄，果实数量中；朱砂根株型中间，叶片长度中，宽度中，果实数量少。'奎因思达'(Queen Star) 适宜在一般温室与露地条件下栽培生产。

西吕亚洛(Schiallo)

（蔷薇属）

联系人：霍曼·舒尔顿

联系方式： 0031-174420171 国家：荷兰

申请日：2009年4月8日

申请号：20090016

品种权号：20130067

授权日：2013年6月28日

授权公告号：国家林业局公告（2013年第13号）

授权公告日：2013年9月23日

品种权人：荷兰彼得·西吕厄斯控股公司(Piet Schreurs Holding B.V.)

培育人：P.N.J.西吕厄斯(Petrus Nicolaas Johannes Schreurs)

品种特征特性：'西吕亚洛'(Schiallo) 是以代号为 S816 的育种人种质资源为母本，另一品种资源 PSR212 作父本杂交选育获得。'西吕亚洛'(Schiallo) 窄灌型，株高中，株幅中；幼枝（约20cm处）花青甙显色弱，显色为红褐色，枝条有刺，枝刺下部形状平，短刺数量无或极少，长刺数量无或极少；叶片大小中，颜色中绿（首花时），叶表光泽度中；小叶横切面平，边缘波状弱，顶端小叶长度中，宽度中；花茎绒毛或刺的数量少，花蕾纵切面形状卵形；花的类型为半重瓣，花瓣数中到多，花朵直径中，俯视呈星形，侧观上部呈平凸形，下部形状平；花瓣伸出度强，形状近椭圆，大小中到大，花瓣主色黄，内瓣主色为黄色（RHS 7A），内瓣基部无斑点；花瓣边缘反卷强，瓣缘波状弱；花丝主色黄；香味极弱。'西吕亚洛'(Schiallo) 与近似品种 '西吕托洛节'（Schretroje）相比较，'西吕亚洛'花瓣金黄色，俯视花朵形状呈不规则圆形；近似品种 '西吕托洛节'花瓣浅黄色，俯视花朵形状呈圆形。'西吕亚洛'(Schiallo) 适宜在一般温室条件下栽培生产。

可丽斯汀·倍丽(Christine Belli)

(杜鹃花属)

联系人：泰尔琳克

联系方式：0032-93535353 国家：比利时

申请日：2007年11月19日

申请号：20070053

品种权号：20130068

授权日：2013年6月28日

授权公告号：国家林业局公告（2013年第13号）

授权公告日：2013年9月23日

品种权人：园艺育种有限公司(Hortibreed N.V.)

培育人：约翰·范得海根(Johan Vanderhaegen)

品种特征特性：'可丽斯汀·倍丽'（Christine Belli）是2000年在比利时本申请人的生产基地内发现的，发生于较老品种'可丽斯汀·马杰克'（Christine Magic）植株上的自然突变体，通过扦插繁殖方式扩繁建立无性系后育成。'可丽斯汀·倍丽'幼叶表面颜色中绿，成熟叶片，长度中，宽度窄，形状卵圆，表面颜色暗绿，背面颜色中绿，叶尖锐尖；花的数量少，花柄长度长，有萼片，花直径小到中，形状开敞漏斗状，重瓣花，花瓣数中到多，花瓣边缘表面颜色白RHS0155C，中部表面颜色白RHS 0155C，边缘背面颜色白RHS0155C，边缘波状弱到中；花喉标记显明度无或极弱，标记类型呈点状，互不连接，标记颜色淡黄褐；花药颜色褐；雌蕊与雄蕊等长；花期中；香气无或极弱。与近似品种'可丽斯汀·马杰克'比较，'可丽斯汀·倍丽'花瓣边缘表面颜色白RHS 0155C，中部表面颜色白RHS 0155C；近似品种'可丽斯汀·马杰克'花瓣边缘表面颜色红RHS 0044C，中部表面颜色粉红RHS 0049A。'可丽斯汀·倍丽'适宜一般温室条件下的栽培生产，可耐受温度范围：0～40℃；若在室外生长，需白天温度18℃，夜间温度8℃的条件。

可丽斯汀·西埃那(Christine Siena)

（杜鹃花属）

联系人：泰尔琳克
联系方式：0032-93535353 国家：比利时

申请日：2007年11月19日
申请号：20070052
品种权号：20130069
授权日：2013年6月28日
授权公告号：国家林业局公告
（2013年第13号）
授权公告日：2013年9月23日
品种权人：园艺育种有限公司
(Hortibreed N.V.)
培育人：约翰·范得海根(Johan Vanderhaegen)

品种特征特性：'可丽斯汀·西埃那'（Christine Siena）是2002年在比利时本申请人的生产基地内发现的，发生于较老品种'可丽斯汀·马顿'（Christine Matton）植株上的自然突变体，通过扦插繁殖方式扩繁建立无性系后育成。'可丽斯汀·西埃那'幼叶表面颜色中绿，成熟叶片长度中，宽度窄，形状卵圆，表面颜色暗绿，背面颜色中绿，叶尖锐尖；花的数量少到中，花柄长度短到中，有萼片，花直径小到中，形状开敞漏斗状，重瓣花，花瓣数很多，花瓣边缘表面颜色暗粉红RHS0047C，中部表面颜色暗粉红RHS0047C，边缘背面颜色均呈暗粉红RHS0047C，边缘波状弱到中；花喉标记显明度中到强，标记类型呈点状，互相连接，标记颜色红；花期中；香气无或极弱。与近似品种'可丽斯汀·马杰克'比较，'可丽斯汀·西埃那'花瓣边缘表面颜色暗粉红RHS0047C，中部表面颜色暗粉红RHS0047C；近似品种'可丽斯汀·马杰克'花瓣边缘表面颜色红RHS0044C，中部表面颜色粉红RHS 0049A。'可丽斯汀·西埃那'适宜一般温室条件下的栽培生产，可耐受温度范围：0～40℃；若在室外生长，需白天温度18℃、夜间温度8℃的条件。

霍特02(Hort02)

（杜鹃花属）

联系人：泰尔琳克
联系方式：0032-93535353　国家：比利时

申请日：2011年10月31日
申请号：20110113
品种权号：20130070
授权日：2013年6月28日
授权公告号：国家林业局公告
（2013年第13号）
授权公告日：2013年9月23日
品种权人：园艺育种有限公司
(Hortibreed N.V.)
培育人：约翰·范得海根(Johan
Vanderhaegen)

品种特征特性：'霍特02'是用母本'日耳曼'（Germania）、父本'罗斯福总统'（President Roosevelt）杂交选育获得。幼叶表面颜色中绿，成熟叶叶片卵圆形，长度中、宽度窄，表面颜色暗绿，背面颜色中绿，叶尖锐尖。花数量多，花柄短；有萼片；花大，开放漏斗状，香气无或弱；重瓣花，数量中到多；花瓣边缘表面颜色粉红，中部表面颜色白色，边缘背面颜色粉红，边缘波状弱到中；花喉标记显明度无或极弱，标记类型呈点状、互不相连，标记颜色淡黄褐；雌蕊与雄蕊等长，花期中。'霍特02'与近似品种比较的主要不同点如下：

品种	花瓣颜色	花序大小
'霍特02'	边缘粉色，中心白色	极大
'日耳曼'	单一粉色	中到大

坦02522(Tan02522)

（蔷薇属）

联系人：托马斯·洛夫勒

联系方式：0049-41227084 国家：德国

申请日：2006年7月18日

申请号：20060038

品种权号：20130071

授权日：2013年6月28日

授权公告号：国家林业局公告

（2013年第13号）

授权公告日：2013年9月23日

品种权人：罗森坦图玛蒂亚斯坦图纳切夫公司(Rosen Tantau, Mathias Tantau Nachf)

培育人：克里斯蒂安·埃维尔斯(Christian Evers)

品种特征特性：'坦02522'植株为窄灌型，株高中到高（60～150cm），株幅窄；幼枝（约20cm长）花青甙显色中，枝条有刺，枝刺下部形状平，短刺数量少，长刺中；叶片颜色绿（首花时），叶表光泽度中，顶端小叶基部圆形；开花数量中，花茎长度60～80cm；花重瓣，花瓣数中，半开花朵的花径中，俯视呈不规则圆形，侧观上部呈平凸形，下部形状平，香味弱，芳香度为3；花瓣主色为白至近白色，边缘颜色白，内瓣基部无斑点；外瓣中部颜色近白、边缘颜色白，外瓣基部无斑点；花瓣边缘反卷强，瓣缘波状弱。'坦02522'与近似品种其母本'坦94241'比较，'坦02522'香味弱，芳香度为3；近似品种'坦94241'无香味，芳香度为0。'坦02522'适宜一般温室条件下的栽培生产。

坦02066(Tan02066)

（蔷薇属）

联系人：托马斯·洛夫勒
联系方式：0049-41227084 国家：德国

申请日：2006年7月18日

申请号：20060039

品种权号：20130072

授权日：2013年6月28日

授权公告号：国家林业局公告
（2013年第13号）

授权公告日：2013年9月23日

品种权人：罗森坦图玛蒂亚斯
坦图纳切夫公司(Rosen Tantau,
Mathias Tantau Nachf)

培育人：克里斯蒂安·埃维尔斯
(Christian Evers)

品种特征特性：'坦02066'植株为窄灌型，株高中到高（60～150cm），株幅窄；幼枝（约20cm长）花青甙显色中，枝条有刺，枝刺下部形状平，短刺数量少，长刺中；叶片颜色中绿（首花时），叶表光泽度中，顶端小叶基部圆形；开花数量中，花茎长度60～90cm；花重瓣，花瓣数中，半开花朵的花径很大（10.5cm），俯视呈不规则圆形，侧观上部呈平凸形，下部形状平，香味弱；花瓣主色为深黄色，边缘颜色黄，内瓣基部无斑点；外瓣中部颜色深黄、边缘颜色黄，外瓣基部无斑点；花瓣边缘反卷强，瓣缘波状弱。'坦02066'与近似品种黄岛比较，'坦02066'的半开花朵的花径很大（10.5cm），黄岛的半开花朵的花径中（7.8cm）。'坦02066'适宜一般温室条件下的栽培生产。

坦03315(Tan03315)

（蔷薇属）

联系人：托马斯·洛夫勒
联系方式：0049-41227084　国家：德国

申请日：2008年1月28

申请号：20080003

品种权号：20130073

授权日：2013年6月28日

授权公告号：国家林业局公告（2013年第13号）

授权公告日：2013年9月23日

品种权人：罗森坦图玛蒂亚斯坦图纳切夫公司(Rosen Tantau, Mathias Tantau Nachf)

培育人：克里斯蒂安·埃维尔斯(Christian Evers)

品种特征特性：'坦03315'是以人工控制授粉技术杂交选育而成，杂交组合为'莱奥利达斯'（Leonidas）×'特莱瑟2000'（Tresor 2000）。'坦03315'植株（非藤本类型）窄灌型，株高中，株幅中；花重瓣，花瓣数中，半开花朵的花径大，俯视呈不规则圆形，侧观上部呈平凸形，下部形状平；花瓣双色，主色为棕红复合色，边缘颜色稍深，内瓣基部无斑点；外瓣中部颜色棕红，外瓣基部无斑点；花瓣边缘反卷强，瓣缘波状中。'坦03315'与近似品种'坦98055'（Tan98055）比较的不同点为：'坦03315'花瓣数中，花瓣双色，主色为棕红复合色；近似品种坦'98055'花瓣数多，花瓣单色，主色为红。'坦03315'适宜一般温室条件下的栽培生产，采用常规的工厂化生产管理方式栽培。

坦03266(Tan03266)

(蔷薇属)

联系人：托马斯·洛夫勒
联系方式：0049-41227084 国家：德国

申请日：2008年1月28

申请号：20080004

品种权号：20130074

授权日：2013年6月28日

授权公告号：国家林业局公告
（2013年第13号）

授权公告日：2013年9月23日

品种权人：罗森坦图玛蒂亚斯
坦图纳切夫公司(Rosen Tantau,
Mathias Tantau Nachf)

培育人：克里斯蒂安·埃维尔斯
(Christian Evers)

品种特征特性：'坦03266'是以人工控制授粉技术杂交选育而成，其杂交组合为'阿基图'（Akito）×'海洋之歌'（Ocean Song）。坦03266'植株（非藤本类型）窄灌型，株高中，株幅中；花重瓣，花瓣数中，半开花朵的花径大，俯视呈规则圆形，侧观上部呈平凹形，下部形状平；花瓣单色，为淡粉色，内瓣基部无斑点，外瓣基部无斑点；花瓣边缘反卷强，瓣缘波状中。'坦03266'与近似品种'坦99572'（Tan99572）比较的不同点为：'坦03266'花瓣数中，半开花朵的花径大，花瓣为淡粉色；近似品种'坦99572'花瓣数多，半开花朵的花径极大，花瓣为粉白色。'坦03266'适宜一般温室条件下的栽培生产，采用常规的工厂化生产管理方式栽培。

萨瓦丽森(Suapriseven)

(杏)

联系人：邓华
联系方式：010-62860611　国家：美国

申请日：2005年5月17日
申请号：20050033
品种权号：20130075
授权日：2013年6月28日
授权公告号：国家林业局公告
（2013年第13号）
授权公告日：2013年9月23日
品种权人：太阳世界国际有限公
司(Sun World International, LLC)
培育人：卡洛斯费尔（Carlos
D.Fear）、布鲁斯摩瑞（Bruce
D.Mowrey）、大卫盖因（David
W.Cain)

品种特征特性：'萨瓦丽森'（Suapriseven）于1990年5月由Carlos D.
Fear、Bruce D. Mowrey和David W. Cain在美国加利佛尼亚州克恩
县沃斯科培育而成。'萨瓦丽森'的母本是'Suapritwo'（美国专利
号7550），父本为家系不明的某无名杏树苗（培育人在专利文件
中称之为F18）。与包括其亲本在内的其他已知商用杏品种相比，'萨
瓦丽森'具有果实更大、背景颜色更深、外部日照所呈现的红色面
积更大以及肉质和口感更好的特征。'萨瓦丽森'是自交受精，无
需授粉树，而'Suapritwo'则是自交不稔性，需要授粉树。'萨瓦
丽森'适宜种植的区域广，在夏季干燥且气候温和的地区，果树生
长及结果情况尤其好。

Suapriseven 2003

萨瓦丽南(Suaprinine)

(杏)

联系人：邓华
联系方式：010-62860611 国家：美国

申请日：2012年2月17日
申请号：20120019
品种权号：20130076
授权日：2013年6月28日
授权公告号：国家林业局公告
（2013年第13号）
授权公告日：2013年9月23日
品种权人：太阳世界国际有限公
司(Sun World International,LLC)
培育人：大卫·凯恩(David
W.Cain)、特里·培根(Terry
A.Bacon)、布鲁斯·莫尔利(Bruce
D.Mowrey)

品种特征特性：'萨瓦丽南'是以'063-160'为母本、'90A-006'为父本进行杂交选育获得。树体长势中至强，枝条开散；一年生枝条向阳面为红棕色；叶片窄，长宽比极大，叶柄短叶片与叶柄长度比大；果实大，缝合线较凹，梗洼深度中至深，顶部圆形、前端中央有浅凹形，表皮光滑，底色为橙色，上有均匀红晕，离核，核仁无苦味或弱。'萨瓦丽南'与近似品种比较的主要不同点如下：

性状	'萨瓦丽南'（Suaprinine）	'萨瓦丽森'（Suapriseven）
果实形状	长圆形	圆形，纵截面较扁
糖度	14	15
酸度	中低	高
风味	较甜	酸甜

92A004-109-164

英特亚瑟(Interyassor)

（蔷薇属）

联系人：范·多伊萨姆
联系方式：0031-343473247　国家：荷兰

申请日：2006年9月26日
申请号：20060045
品种权号：20130077
授权日：2013年6月28日
授权公告号：国家林业局公告
（2013年第13号）
授权公告日：2013年9月23日
品种权人：英特普兰特公司
(Interplant B.V.)
培育人：范·多伊萨姆(ir.
A.J.H.van Doesum)

品种特征特性： '英特亚瑟'（Interyassor）是通过未命名种苗与'第一红'（First Red)常规杂交育种后选育出的。'英特亚瑟'（Interyassor）是红色 HT 系切花玫瑰。瘦灌木，生长紧凑，正常高度在 60～150cm；重瓣花，花径大，其花蕾，花型独特；叶亮，深绿；茎少刺。与对照品种'第一红'（First Red）相比，'英特亚瑟'（Interyassor）无枝刺，花色深红，花瓣数较多，而对照品种'第一红'（First Red）有少量枝刺，花色为亮红，花瓣数相对较少。'英特亚瑟'（Interyassor）与其相似品种'普里德帕斯'（Predepass）相比，嫩枝花青素着色少，无皮刺，花梗毛或皮刺多，花瓣内侧边缘中心处有红粉焰，花瓣边缘折卷程度度弱。'英特亚瑟'（Interyassor）适宜在温室光照充分的环境条件下栽培，进行温室内切花生产。

英特维夫(Interwifoos)

(蔷薇属)

联系人：范·多伊萨姆

联系方式：0031-343473247　国家：荷兰

申请日：2006年9月26日
申请号：20060044
品种权号：20130078
授权日：2013年6月28日
授权公告号：国家林业局公告
（2013年第13号）
授权公告日：2013年9月23日
品种权人：英特普兰特公司
(Interplant B.V.)
培育人：范·多伊萨姆(ir.
A.J.H.van Doesum)

品种特征特性：'英特维夫'（Interwifoos）是白色 HT 系切花玫瑰。瘦灌木，植株高度矮到中等，植株宽度窄；嫩枝花青素着色中等，具皮刺，短皮刺数量无或很少，长皮刺数量中等；顶端小叶叶基形状圆形，叶片上表面光泽弱；花苞纵切面的形状卵圆形（到萼片分裂之前），花从上看为不规则圆形，花上部侧视平稍凸，花瓣数量少至中等，花直径中等，花瓣边缘微起伏，花瓣边缘折卷度中等；茎秆粗壮，产量高。对照品种'波比昂'（Perbian），茎秆弱，刺少，而'英特维夫'（Interwifoos）茎秆非常强健，刺多；对照品种'波比昂'（Perbian）花瓣内侧中部及边缘颜色为 RHS 155B，而'英特维夫'（Interwifoos）花瓣内侧中部及边缘颜色为 RHS 157A；对照品种'波比昂'（Perbian）花瓣外侧中部及边缘颜色为 RHS 155B，花瓣外侧基部无斑点，而'英特维夫'（Interwifoos）花瓣外侧中部颜色介于 RHS 157A 和 RHS 155C 之间，花瓣外侧边缘颜色为 RHS 157A，花瓣外侧基部具斑点。'英特维夫'（Interwifoos）适宜在温室光照充分的环境条件下栽培，进行温室内切花生产。

瑞丽16101(Ruia16101)

(蔷薇属)

联系人：R.J.C.开思特拉

联系方式：0031-297361063　国家：荷兰

申请日：2007年9月6日

申请号：20070039

品种权号：20130079

授权日：2013年6月28日

授权公告号：国家林业局公告（2013年第13号）

授权公告日：2013年9月23日

品种权人：迪鲁特知识产权公司(De Ruiter Intellectual Property B.V.)

培育人：R.J.C.开思特拉(Reinder Johan Christiaan Kielstra)

品种特征特性：'瑞丽16101'（Ruia16101）来源于1999年开放授粉的种子的实生苗。2000年进行第一次无性繁殖，此后相继进行扦插、芽接、枝接等无性方式的繁殖。'瑞丽16101'植株直立；花蕾呈卵圆形；花形为星状；花朵线条感极强；花呈红白二色，略带紫晕，花瓣外面为带红晕的浅色；花蕾呈卵圆形；叶色中绿，光泽中等；枝刺密度较大，颜色为绿；萼片伸展较弱。'瑞丽16101'（Ruia16101）与近似品种'Ruibengal'相比较，在花色，萼片伸展程度及花型上有显著的不同：'瑞丽16101'（Ruia16101）花色为红白二色，萼片伸展较弱，花形为星状；近似品种'Ruibengal'花色为红白黄三色，萼片伸展有力，花形为不规则圆形。'瑞丽16101'适合于在世界各地具有控温条件的保护地栽培生产切花。

瑞艺5451(Ruiy5451)

（蔷薇属）

联系人：R.J.C.开思特拉
联系方式：0031-297361063　国家：荷兰

申请日：2007年9月6日
申请号：20070040
品种权号：20130080
授权日：2013年6月28日
授权公告号：国家林业局公告
（2013年第13号）
授权公告日：2013年9月23日
品种权人：迪鲁特知识产权公司(De Ruiter Intellectual Property B.V.)
培育人：R.J.C.开思特拉(Reinder Johan Christiaan Kielstra)

品种特征特性：'瑞艺5451'（Ruiy5451）来源于1998年开放授粉的种子的实生苗。1999年进行第一次无性繁殖，此后相继进行扦插、芽接、枝接等无性方式的繁殖。'瑞艺5451'（Ruiy5451）植株直立；叶大，叶绿，略带褐色；枝刺多切大，呈红色，花瓣内外呈二色（粉、橙色）；花开时花瓣不向外卷曲。'瑞艺5451'（Ruiy5451）与近似品种'Pannaran'相比较，在花色、皮刺形状、叶片大小、花瓣卷曲程度、花心情况上有显著的不同：'瑞艺5451'（Ruiy5451）花色为粉、橙二色，刺多且大，叶片大，花开时花瓣不向外卷曲，花朵外观较圆润，花心外露；近似品种'Pannaran'花色为橙、粉二色，刺少而小，叶片小，花开时花瓣外卷而表现出较强的线条感，花心较紧闭。'瑞艺5451'（Ruiy5451）适合于在世界各地具有控温条件的保护地栽培生产切花。

奥斯詹姆士(Ausjameson)

（蔷薇属）

联系人： 凯特·杰里米

联系方式： 0044-1902376327　国家：英国

申请日：2008年3月31日

申请号：20080015

品种权号：20130081

授权日：2013年6月28日

授权公告号：国家林业局公告
（2013年第13号）

授权公告日：2013年9月23日

品种权人：英国大卫奥斯汀月季
公司(David Austin Roses Ltd.)

培育人：大卫·奥斯汀(David
J.C.Austin)

品种特征特性：'奥斯詹姆士'（Ausjameson）是自然授粉种子经播种，选种，嫁接繁殖获得的切花月季品种。'奥斯詹姆士'为常绿瘦灌木，植株高度为矮到中；具皮刺，短皮刺无或极少，长皮刺数量为少到中；叶片中到大，绿色，上表面具弱到中光泽；花型为重瓣，花瓣数很多；花径为中；花瓣大小为中；俯视花朵为圆形；花香为弱；花色为淡粉色系，花瓣内侧中部颜色为橘粉，介于 RHS 10D 及 RHS 27D，花瓣内侧边缘颜色为在白和橘粉之间，介于 RHS 155A 及 RHS 27D，花瓣外侧中部颜色在浅黄和橘粉之间，介于 RHS 10D 及 RHS 27D，花瓣外侧边缘颜色橘粉色，为 RHS 27D；花瓣边缘无折卷，起伏微。外部雄蕊花丝黄色。与近似品种 '奥索思'（Aussaucer）相比较，'奥斯詹姆士'：花色属淡粉色系，为杏色与黄色的混色系，花朵直径为中，花瓣数量较近似品种少，花香为弱的茶香味，叶片为中到大，绿色，上表面具弱到中的光泽；外部雄蕊花丝为黄色；而 '奥索思' 花色为杏混色系，花朵直径大到极大，花瓣数量较多，花瓣大小为小到中，花香为中，叶大小为中到大，浅绿色，上表面光泽很弱。外部雄蕊花丝为绿色。'奥斯詹姆士' 适宜温室栽培。

AUSSAUCER

AUSJAMESON

奥斯纽蒂斯(Ausnotice)

（蔷薇属）

联系人：凯特·杰里米
联系方式：0044-1902376327　国家：英国

申请日：2008年3月31日
申请号：20080016
品种权号：20130082
授权日：2013年6月28日
授权公告号：国家林业局公告
（2013年第13号）
授权公告日：2013年9月23日
品种权人：英国大卫奥斯汀月季
公司(David Austin Roses Ltd.)
培育人：大卫·奥斯汀(David
J.C.Austin)

品种特征特性：'奥斯纽蒂斯'（Ausnotice），选种，嫁接繁殖获得的切花月季品种。'奥斯纽蒂斯'为常绿瘦灌木，植株高度为矮，宽度为窄，具皮刺，皮刺下部形状为凹形，短皮刺无到极少，长皮刺数量为少到中，叶片大小为大，中绿色，上表面具中度光泽，花型为重瓣，花瓣数很多；花径为中到大；花瓣大小为小到中；花香为强；花色为淡红至深粉色系，花瓣内侧中部的颜色在 RHS 55A 及 RHS 55B，花瓣内侧边缘颜色 RHS 55B，花瓣内侧基部具中到大的白色斑点，颜色为 RHS155C；花瓣外侧中部及边缘颜色为淡粉蓝色，介于 RHS 55C 及 RHS 55D，花瓣外侧具中斑点，颜色为 RHS 155A，花瓣边缘折卷极少到少，起伏为弱到中。外部雄蕊花丝淡粉色。与近似品种'奥斯豪斯'（Aushouse)相比较，'奥斯纽蒂斯'（Ausnotice)：花朵直径为中到大，花瓣数量较近似品种少，花香为强，叶片大小为大，上表面具中度光泽；皮刺下部形状为凹形，数量少；外部雄蕊花丝淡粉色。而'奥斯豪斯'花朵直径为中，花瓣数量较多，花香为弱；叶片大小为中到大，上表面光泽弱；皮刺下部凹到平，皮刺数量较多；外部雄蕊花丝绿色。'奥斯纽蒂斯'适宜温室栽培。

AUSHOUSE

AUSNOTICE

奥斯特(Austew)

（蔷薇属）

联系人：凯特·杰里米
联系方式：0044-1902376327　国家：英国

申请日：2008年6月4日
申请号：20080025
品种权号：20130083
授权日：2013年6月28日
授权公告号：国家林业局公告
（2013年第13号）
授权公告日：2013年9月23日
品种权人：英国大卫奥斯汀月季
公司(David Austin Roses Ltd.)
培育人：大卫·奥斯汀(David
J.C.Austin)

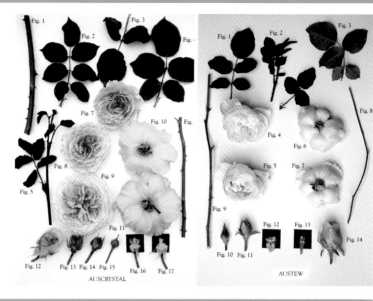

品种特征特性： '奥斯特'（Austew）是从自然授粉得到的种子播种，得到一定数量的实生苗，经过选择，育种人在温室中从表现良好的植株上取2个接穗，采用"T"字形嫁接的方法，将接穗嫁接于砧木上。两年后，将表现良好的植株扩繁到6株，在下一年中继续选优获得。为常绿瘦灌木，植株高度为矮到中，宽度为窄，花青素着色弱，嫩枝为红褐色，具皮刺，皮刺下部形状为平，短皮刺无到极少，长皮刺数量为中到多，叶片大小为中到大，中绿色，上表面具中度光泽，小叶横切面为微凹，小叶叶缘波状曲线为中，顶端小叶基部圆形；花梗上皮刺量少；花蕾阔卵形；花型为重瓣，花瓣数极多，花径为中；花瓣大小为中；俯视花朵形状为不规则圆形；花香为强；花萼伸展为弱到中；花色为淡粉色系，花瓣内侧中部及边缘的颜色在RHS 56D及RHS 62D，花瓣内侧基部具小斑点，颜色为RHS 7A；花瓣外侧中部颜色为RHS 56D及RHS 62D，花瓣外侧边缘颜色介于RHS 62B及RHS 55B，有橘红色晕；花瓣边缘折卷为弱到中，起伏为弱到中。外部雄蕊花丝淡粉色。'奥斯特'（Austew）与其相似品种'奥斯水晶'（Auscrystal）相比较的不同点为：'奥斯特'花色为更暗的浅粉色，尤其是花朵中心较暗，花朵直径为中，花瓣数量较近似品种多，花香为强；叶片大小为中到大，上表面具中度光泽；外部雄蕊花丝淡粉色。而'奥斯水晶'花朵颜色为淡粉色，花朵直径为中，花瓣数量较多，花香为弱；叶片大小为大，上表面光泽弱；外部雄蕊花丝绿色。'奥斯特'适宜温室栽培。

奥斯曼(Ausimmon)

（蔷薇属）

联系人：凯特·杰里米
联系方式：0044-1902376327　国家：英国

申请日：2008年6月4日
申请号：20080026
品种权号：20130084
授权日：2013年6月28日
授权公告号：国家林业局公告
（2013年第13号）
授权公告日：2013年9月23日
品种权人：英国大卫奥斯汀月季
公司(David Austin Roses Ltd.)
培育人：大卫·奥斯汀(David
J.C.Austin)

AUSIMMON　　　AUSWITH

品种特征特性：'奥斯曼'（Ausimmon）是从自然授粉得到的种子播种，得到一定数量的实生苗，经过选择，育种人在温室中从表现良好的植株上取2个接穗，采用"T"字形嫁接的方法，将接穗嫁接于砧木上。两年后，将表现良好的植株扩繁到6株，在下一年中继续选优获得。'奥斯曼'（Ausimmon）为常绿瘦灌木，植株高度为矮到中，宽度为窄，花青素着色浅，嫩枝为褐色至红褐色，具皮刺，皮刺下部形状为平，短皮刺多，长皮刺数量为中到多，叶片大，淡绿色到绿色，上表面具中度光泽，小叶横切面为平，小叶叶缘波状曲线弱，顶端小叶叶长为中，顶端小叶叶宽为中，顶端小叶基部圆形；开花花梗上皮刺量为中到多，为皮刺；花蕾卵形；花型为重瓣，花瓣数很多；花径为中；花瓣大小为中；俯视花朵为圆形至不规则圆形；花香为中到强；花萼伸展小；花色为淡粉色系，花瓣内侧中部及边缘颜色为淡粉蓝色，介于RHS65C及RHS65D，花瓣内侧基部有中斑点，带黄绿色晕和浅黄色斑纹，颜色为RHS4C；花瓣外侧中部及边缘颜色为淡粉色，介于RHS65C及RHS65D；花瓣外侧具中斑点，为带紫红色晕的淡黄色，为RHS22D，花瓣边缘折卷少，起伏中到强。外部雄蕊花丝黄色。'奥斯曼'（Ausimmon）与其相似品种'奥斯维斯'（Auswith）相比较的不同点为：'奥斯曼'（Ausimmon）花色为浅到中的粉红色，花朵直径为中，花瓣数量较近似品种少，花瓣大小中，花香为中到强的水果味，叶片为大，上表面具中度光泽；而近似品种'奥斯维斯'（Auswith）花色为杏粉色，花朵直径大，花瓣数量较多，花瓣为大到极大，花香为淡到中的橘香，叶色为小到中，上表面具中到强光泽。'奥斯曼'（Ausimmon）适宜温室栽培。

尾边桉TH06001

（桉属）

联系人：徐建民

联系方式：13609730753　国家：中国

申请日：2012年5月29日

申请号：20120067

品种权号：20130085

授权日：2013年12月25日

授权公告号：国家林业局公告（2013年第16号）

授权公告日：2013年12月31日

品种权人：中国林业科学研究院热带林业研究所

培育人：徐建民、李光友、陆钊华、王伟、王尚明、唐红英、卢国桓、赵汝玉、黄宏健、谭沛涛、柳达、胡杨、吴世军、李宝琦、陈儒香、韩超、杨乐明

品种特征特性：'尾边桉 TH06001'是用母本尾叶桉 UT8 无性系、父本边沁桉 B1 优株经杂交选育获得。'尾边桉 TH06001'为乔木，树干下半部树皮粗糙开裂，上部树皮灰白色平滑，呈薄片状剥落。树干通直圆满，整枝可达树高 1/3～2/3，树冠舒展，冠幅可达 4m 以上。幼态叶呈淡绿到深绿色，对生，短柄，柄长 0.5～0.7cm，呈宽卵形，长 5.1～9.0cm，宽 1.5～3.1cm；成龄叶形卵形或披针形，互生，长 9.5～13.0cm，宽 5.0～6.2cm，叶脉清晰，侧脉稀疏平行，叶缘平滑。'尾边桉 TH06001'与近似品种比较的主要不同点如下：

性状	'尾边桉 TH06001'	尾叶桉	边沁桉
幼态叶	宽卵形，对生，具柄，柄长 0.5～0.7cm	长卵形，互生，具柄，柄长 0.5～0.7cm	圆形或宽卵形，对生无柄
成龄叶	卵形或披针形	宽披针形	卵形或宽披针形
叶长、宽	9～13cm，5.0～6.2cm	14.5～25cm，2～5cm	6～15cm，45～6.8cm
树皮	基部开裂，上部脱落	基部宿存，上部脱落	干基向上 1m 宿存，上部光滑

尾柳桉TH06002

（桉属）

联系人：徐建民

联系方式：13609730753　国家：中国

申请日：2012年5月29日

申请号：20120068

品种权号：20130086

授权日：2013年12月25日

授权公告号：国家林业局公告（2013年第16号）

授权公告日：2013年12月31日

品种权人：中国林业科学研究院热带林业研究所

培育人：徐建民、李光友、陆钊华、王伟、王尚明、唐红英、卢国桓、赵汝玉、黄宏健、谭沛涛、柳达、胡杨、吴世军、李宝埼、陈儒香、韩超、杨乐明

品种特征特性：'尾柳桉 TH06002'是用母本尾叶桉 UT8 无性系、父本柳桉 S1 优株经杂交选育获得。'尾柳桉 TH06002'树干通直圆满，整枝可达树高 1/3～2/3，树冠舒展浓绿，冠幅可达 4m 以上。幼态叶长卵形呈白或蓝灰色，对生具柄，柄长 0.5～0.6cm，叶长 4.2～5.5cm，宽 1.4～2.0cm；成龄叶披针形或卵形，互生，长 9.2～13.5cm，宽 4.0～5.5cm，叶脉清晰，侧脉稀疏平行，叶缘平滑。树干下半部树皮粗糙，上部树皮灰白色平滑，呈块状开裂。'尾柳桉 TH06002'与近似品种比较的主要不同点如下：

性状	'尾柳桉 TH06002'	尾叶桉	柳桉
幼态叶	长卵形，对生，具柄，柄长 0.5～0.6cm	长卵形，互生，具柄，柄长 05～0.7cm	长卵形或近心形，半对生，具柄
成龄叶	披针形或卵形	宽披针形	披针形
叶长、宽	9.2～13.5cm、4.0～5.5cm	14.5～25cm、2～5cm	10～16cm、2.0～3.0cm
树皮	基部宿存，上部脱落	基部宿存，上部脱落	干基向上 4m 内粗糙，块状开裂

尾邓桉TH06008

（桉属）

联系人：徐建民
联系方式：13609730753 国家：中国

申请日：2012年5月29日
申请号：20120069
品种权号：20130087
授权日：2013年12月25日
授权公告号：国家林业局公告
（2013年第16号）
授权公告日：2013年12月31日
品种权人：中国林业科学研究院
热带林业研究所
培育人：徐建民、陆钊华、李光友、王伟、王尚明、唐红英、卢国桓、赵汝玉、黄宏健、谭沛涛、柳达、胡杨、吴世军、李宝琦、陈儒香、韩超、杨乐明

品种特征特性：'尾邓桉TH06008'是用母本尾叶桉U2无性系、父本邓恩桉D5优株经杂交选育获得。'尾邓桉TH06008'为乔木，下半部树皮小片状粗糙宿存，中上部树皮灰白色平滑。树干通直圆满，整枝可达树高1/3～2/3，树冠舒展，冠幅可达4m以上。幼态叶呈灰绿色或灰蓝色，对生，短柄，柄长0.3～0.4cm，呈宽卵形，长2.3～5.4cm，宽0.75～2.5cm，成龄叶披针形，顶端渐尖无尾状或弯曲，互生，长14.9～19.0cm，宽3.8～6.4cm，叶脉清晰，侧脉稀疏平行，叶缘平滑。'尾邓桉TH06008'与近似品种比较的主要不同点如下：

性状	'尾邓桉TH06008'	尾叶桉	邓恩桉
幼态叶	宽卵形，对生，短柄，柄长0.3～0.4cm	长卵形，互生，具柄，柄长0.5～0.7cm	圆形或卵圆形，对生，短柄，柄长0.2～0.3cm
成龄叶	披针形	宽披针形	披针形
叶长、宽	14.9～19cm、3.8～6.4cm	14.5～25cm、2～5cm	17～33.6cm、3.5～6.8cm
树皮	基部宿存，上部脱落	基部宿存，上部脱落	干基向上1～4m宿存

渤海柳2号

（柳属）

联系人：焦传礼

联系方式：13396294788/0543-3268806　国家：中国

申请日：2012年6月11日

申请号：20120078

品种权号：20130088

授权日：2013年12月25日

授权公告号：国家林业局公告（2013年第16号）

授权公告日：2013年12月31日

品种权人：滨州市一逸林业有限公司、山东省林业科学研究院

培育人：焦传礼、刘德玺、刘国兴、王振猛、刘桂民、吴全宇、王莉莉、姚树景、杨欢、白云祥

品种特征特性：'渤海柳2号'是由发现的自然变异经人工培育获得。雄株。树干通直，顶端优势明显。大树皮青绿色，开裂不明显。树冠窄，侧枝分枝角度45°～50°，侧枝较细，分枝密集，自然整枝能力强。叶片长披针形，叶柄长1cm以上。雨季苗干基部1.2m以下极易形成气生根。'渤海柳2号'与近似品种比较的主要不同点如下：

性状	'渤海柳2号'	'J172柳'
性别	雄株	雌株
分枝角度	45°～50°	60°～70°
冠幅	较窄	较宽

渤海柳3号

（柳属）

联系方式： 13396294788/0543-3268806　国家：中国

申请号：20120079

品种权号：20130089

授权日：2013年12月25日

授权公告号：国家林业局公告
（2013年第16号）

授权公告日：2013年12月31日

品种权人：滨州市一逸林业有限
公司、山东省林业科学研究院

培育人：焦传礼、吴德军、刘德
玺、秦光华、姚树景、杨庆山、
李永涛、杨欢、白云祥

品种特征特性：'渤海柳3号'是在山东东营发现的自然变异经人工
培育获得。雌株。苗干较直，顶端优势强，干皮绿色，嫩尖肉红色；
节间长，侧枝分布不均匀，分枝角度平均60°，枝条延伸后近似平
展。枝条在落叶后变成淡褐色。叶片平均长15cm，宽2.6cm，叶柄
长0.8cm，叶缘粗锯齿状。在山东滨州地区落叶末期为12月上旬。
'渤海柳3号'与近似品种比较的主要不同点如下：

性状	'渤海柳3号'	'J172柳'
叶柄长度	0.8cm左右	0.5cm左右
落叶末期	12月上旬	11月中旬

辰光

（枣）

联系人：刘平
联系方式： 13833033837　国家：中国

申请日：2012年5月18日
申请号：20120063
品种权号：20130090
授权日：2013年12月25日
授权公告号： 国家林业局公告
（2013年第16号）
授权公告日：2013年12月31日
品种权人：河北农业大学
培育人：刘孟军、刘平、蒋洪恩、代丽、吴改娥、刘治国

品种特征特性：'辰光'是利用秋水仙素对'临猗梨枣'主芽进行诱变获得的四倍体品种。高大乔木，树冠圆头形；新枣头红褐色，针刺不发达；叶片阔卵圆形，深绿色，基部三出脉，叶基圆形，叶尖钝尖，叶缘具锐锯齿；花为日开型，花蕾大；果实圆形，果皮红色。'辰光'与近似品种比较的主要不同点如下：

性状	'辰光'	'临猗梨枣'
体细胞染色体数目	48	24
叶片形状	阔卵圆形	卵圆形
叶片颜色	深绿色	绿色
果形	圆形	近圆形
单果重（g）	39.6	23.8

'辰光'

'临猗梨枣'　'辰光'

'临猗梨枣'

'辰光'　'临猗梨枣'

泡桐1201

（泡桐属）

联系人： 茹广欣
联系方式： 0371-63579615　国家：中国

申请日：2012年1月13日
申请号：20120013
品种权号：20130091
授权日：2013年12月25日
授权公告号：国家林业局公告
（2013年第16号）
授权公告日：2013年12月31日
品种权人：河南农业大学
培育人：茹广欣、李荣幸

品种特征特性：'泡桐1201'是由毛泡桐与白花泡桐杂交选育获得。树冠卵形或长卵形，冠幅较大，主干通直圆满。树皮灰褐色，较光滑，侧枝较粗壮，分枝角度较大。叶片宽卵形，叶面有光泽，叶背密被分枝状毛。花序窄圆锥形，分枝粗壮，花蕾倒卵形，花冠紫色，花萼浅裂。蒴果长椭圆形，长5.34cm，宽2.6cm。'泡桐1201'与近似品种比较的主要不同点如下：

性状	'泡桐1201'	兰考泡桐
11年生树高（m）	16.59	13.90
11年生胸径（cm）	34.90	32.20
11年生材积（m³）	0.3413	0.30

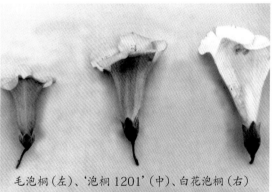

毛泡桐（左）、'泡桐1201'（中）、白花泡桐（右）

毛泡桐（左）、'泡桐1201'（中）、白花泡桐（右）

泡桐兰白75

（泡桐属）

联系人： 茹广欣

联系方式： 0371-63579615　国家：中国

申请日：2012年1月13日

申请号：20120014

品种权号：20130092

授权日：2013年12月25日

授权公告号：国家林业局公告
（2013年第16号）

授权公告日：2013年12月31日

品种权人：河南农业大学

培育人：茹广欣、李荣幸

品种特征特性：'泡桐兰白75'的母本是兰考泡桐与白花泡桐杂交种，父本是白花泡桐，经杂交选育获得。树冠长卵形或圆锥形，主干通直高大。树冠窄，树皮灰褐色。侧枝较细大。叶片狭长，叶面有光泽。花白色，较大。蒴果长椭圆形，长5.34cm，宽2.6cm。材色白，生长年轮窄，材质优。'泡桐兰白75'与近似品种比较的主要不同点如下：

性状	'泡桐兰白75'	兰考泡桐
11年生树高(m)	15.35	13.90
11年生干高(m)	10.35	5.45
11年生胸径(cm)	34.6	32.2

黑青杨

（杨属）

联系人：李晶
联系方式：15804526832　国家：中国

申请日：2012年9月12日

申请号：20120142

品种权号：20130093

授权日：2013年12月25日

授权公告号：国家林业局公告
（2013年第16号）

授权公告日：2013年12月31日

品种权人：黑龙江省森林与环境
科学研究院

培育人：王福森、李晶、李树
森、孙长刚、赵鹏舟、朱弘、赵
玉库、张大伟、安静

品种特征特性：'黑青杨'是用母本'中荷64'、父本大青杨杂交培育获得。雄株，树干通直圆满。树皮暗绿色，较光滑，被少量白粉。皮孔扁菱形，分布稀疏，基部皮孔开裂后连在一起，形成浅纵裂。一年生萌条光滑无棱，生长期绿色，木质化后逐渐变成灰褐色；皮孔圆到短线形，白色，分布均匀。芽长渐尖，红褐色，有胶脂。长枝叶卵圆形、心形，叶缘波浪状起伏，叶缘钝锯齿，先端尾尖，叶基平截、微心形、心形，有2～4个腺点。短枝圆，灰色，叶椭圆、卵圆或菱形，叶基阔楔形。花序浅红色，长4.5～7cm，具小花50朵左右，雄蕊20～30个。'黑青杨'与近似品种比较的主要不同点如下：

性状	'黑青杨'	'小黑杨'
树皮颜色	暗绿色	灰绿色
长枝叶	心形、卵圆形	阔卵形或菱状三角形
长枝叶叶缘	波浪状	较平
萌条	光滑无棱	8条棱线

青竹柳

（柳属）

联系人：李晶

联系方式：1580452683 国家：中国

申请日：2012年9月12日

申请号：20120143

品种权号：20130094

授权日：2013年12月25日

授权公告号：国家林业局公告
（2013年第16号）

授权公告日：2013年12月31日

品种权人：黑龙江省森林与环境
科学研究院

培育人：王福森、李晶、李树森、韩家永、李险峰、张树宽、孙淑清、杨金龙、张福平

品种特征特性：'青竹柳'是用母本旱柳、父本垂柳杂交培育获得。乔木，雄株，树干通直。幼树基部树皮浅纵裂，灰褐色；上部树皮光滑，碧绿色。大树树皮暗灰褐色，不规则浅裂。叶披针形，先端渐尖或尾尖，基部楔形。叶长5.1～17.1cm，宽0.8～2.3cm。新生叶具斜三角形或线形托叶。雄花序圆柱形，黄绿色，有小花60朵左右，雄蕊2个。'青竹柳'与近似品种比较的主要不同点如下：

性状	'青竹柳'	'垂爆109柳'
树冠冠幅	窄冠	宽冠
小枝姿态	斜上	下垂
萌条颜色	紫红	暗紫
叶柄长短	短	长

白四泡桐1号

（泡桐属）

联系人：范国强
联系方式：0371-63558605　国家：中国

申请日：2012年10月30日
申请号：20120152
品种权号：20130095
授权日：2013年12月25日
授权公告号：国家林业局公告
（2013年第16号）
授权公告日：2013年12月31日
品种权人：河南农业大学
培育人：范国强、王安亭、尚忠海、赵振利、翟晓巧、曹艳春

品种特征特性：'白四泡桐1号'是用二倍体白花泡桐通过人工诱变形成四倍体植株培育获得。落叶乔木，树干通直，接干能力强。树冠倒卵形，侧枝较细。叶片卵圆形，薄革质，顶端急尖，基部深心脏形，边缘有锯齿，上面光滑无毛，下面密被细毛。顶生狭聚伞花序，花冠白色，无斑点，长约8cm，径4~5cm，外面被稀疏极细的星状柔毛，花冠管钟状漏斗形，花冠裂片5，半圆形，长约2cm；花萼钟形，长约2cm，厚革质。蒴果较小，卵圆形，长约4cm，径2~3cm，果皮厚革质，2瓣开裂；种子细小，具白色透明膜质翅。果期9月。

'白四泡桐1号'与白花泡桐比较的主要不同点如下：

性状	'白四泡桐1号'	白花泡桐
染色体倍性	四倍体	二倍体
叶片形状	卵圆形	阔卵形
叶缘	锯齿	近全缘
丛枝病发病率	发病率低	发病率高

毛四泡桐1号

（泡桐属）

联系人：范国强

联系方式：0371-63558605　国家：中国

申请日：2012年10月30日

申请号：20120153

品种权号：20130096

授权日：2013年12月25日

授权公告号：国家林业局公告（2013年第16号）

授权公告日：2013年12月31日

品种权人：河南农业大学

培育人：范国强、尚忠海、翟晓巧、赵振利、张晓申、李玉峰

品种特征特性：'毛四泡桐1号'是用二倍体毛泡桐通过人工诱变形成四倍体植株培育获得。落叶乔木。根系发达，树干通直，接干能力强。叶片卵圆形，基部心形，边缘有锯齿；叶片质地较厚，薄革质，叶色浓绿；花白色或紫色，外面被稀疏极细的星状绒毛，花冠裂片4~5，厚革质。蒴果卵状椭圆形，种子有翅；花期4月中旬~5月上旬，果实10月上旬成熟。'毛四泡桐1号'与毛泡桐比较的主要不同点如下：

性状	'毛四泡桐1号'	毛泡桐
染色体倍性	四倍体	二倍体
叶片质地	纸质	薄革质
叶缘	锯齿	浅细锯齿
丛枝病发病率	发病率低	发病率高

兰四泡桐1号

（泡桐属）

联系人：范国强
联系方式：0371-63558605　国家：中国

申请日：2012年10月30日
申请号：20120154
品种权号：20130097
授权日：2013年12月25日
授权公告号：国家林业局公告
（2013年第16号）
授权公告日：2013年12月31日
品种权人：河南农业大学
培育人：范国强、翟晓巧、王安亭、尚忠海、邓敏捷、刘辉

品种特征特性：'兰四泡桐1号'是用二倍体兰考泡桐通过人工诱变形成四倍体植株培育获得。一年生苗干红褐色，春季展叶晚，根系发达，主干通直。大树树冠圆锥形，小枝灰色，有明显突起的皮孔；叶片卵圆形，颜色浓绿，叶基心形，边缘有细锯齿，上面光滑，下面密被树枝状毛；聚伞花序，塔形，花萼倒圆锥形，基部渐狭，分裂；花冠漏斗状钟形，紫色至粉白色。蒴果卵状椭圆形，宿萼蝶状，种子有翅。花期4月中下旬~5月上旬，果实10月中下旬成熟。'兰四泡桐1号'与兰考泡桐比较的主要不同点如下：

性状	'兰四泡桐1号'	兰考泡桐
染色体倍性	四倍体	二倍体
叶片形状	卵圆形	阔卵形
叶缘	细锯齿	近全缘
丛枝病发病率	发病率低	发病率高

南四泡桐1号

（泡桐属）

联系人：范国强

联系方式：0371-63558605 国家：中国

申请日：2012年10月30日

申请号：20120155

品种权号：20130098

授权日：2013年12月25日

授权公告号：国家林业局公告
（2013年第16号）

授权公告日：2013年12月31日

品种权人：河南农业大学

培育人：范国强、尚忠海、翟晓巧、赵振利、张晓申、李玉峰

品种特征特性：'南四泡桐1号'是用二倍体南方泡桐通过人工诱变形成四倍体植株培育获得。落叶乔木。春季展叶晚，根系发达，树干通直，接干能力强。叶片卵形，叶基心形，边缘有锯齿。花白色或紫色，花冠钟形漏斗状，长8～10cm，径3～6cm，外面被稀疏极细的星状绒毛，花冠裂片4～5，厚革质；4～6年开花结果，顶生聚伞花序；蒴果卵状椭圆形，种子有翅；花期4月中旬～5月上旬，果熟期10月中旬。'南四泡桐1号'与南方泡桐比较的主要不同点如下：

性状	'南四泡桐1号'	南方泡桐
染色体倍性	四倍体	二倍体
叶片形状	卵形	卵圆形
叶缘	锯齿	全缘
丛枝病发病率	发病率低	发病率高

杂四泡桐1号

（泡桐属）

联系人：范国强
联系方式：0371-63558605 国家：中国

申请日：2012年10月30日
申请号：20120156
品种权号：20130099
授权日：2013年12月25日
授权公告号：国家林业局公告
（2013年第16号）
授权公告日：2013年12月31日
品种权人：河南农业大学
培育人：范国强、赵振利、翟晓
巧、尚忠海、张晓申、李玉峰

品种特征特性：'杂四泡桐1号'是用'豫杂一号泡桐'通过人工诱变形成四倍体植株培育获得。落叶乔木。春季展叶晚，根系发达，主干通直。叶片卵形，叶基心形，边缘有锯齿；4～6年开花结果，顶生聚伞花序；花白色或紫色，花冠钟形漏斗状，长8～10cm，径3～6cm，外面被稀疏极细的星状绒毛，花冠裂片4～5，厚革质。蒴果卵状椭圆形，种子有翅；花期4月中旬～5月上旬，果熟期10月中旬。'杂四泡桐1号'与近似品种比较的主要不同点如下：

性状	'杂四泡桐1号'	'豫杂一号泡桐'
染色体倍性	四倍体	二倍体
叶片形状	卵形	卵圆形
叶片质地	薄革质	纸质
叶缘	锯齿	全缘
丛枝病发病率	发病率低	发病率高

平安槐

（槐属）

联系人：王学坤
联系方式：13645333746 国家：中国

申请日：2012年5月13日
申请号：20120062
品种权号：20130100
授权日：2013年12月25日
授权公告号：国家林业局公告
（2013年第16号）
授权公告日：2013年12月31日
品种权人：王学坤
培育人：王学坤、董春耀

品种特征特性：'平安槐'是由'龙爪槐'芽变获得。落叶乔木，以国槐为砧木用嫁接的方法繁殖。小枝绿色，皮孔明显。羽状复叶长15～25cm；叶柄具毛，基部膨大；小叶9～15片，卵状长圆形，长2～4.8cm，宽1～2.2cm，叶尖渐尖具细突尖，叶基阔楔形，叶背面灰白色，疏生短柔毛。'平安槐'与近似品种比较的主要不同点如下：

性状	'平安槐'	'龙爪槐'
枝条	趋于水平生长	弯曲向下或垂直生长
树冠	伞状或蘑菇状	圆柱状或圆球状

夏日粉裙

（山茶属）

联系人： 陈娜娟
联系方式： 020-37883237　国家：中国

申请日：2012年11月13日

申请号：20120160

品种权号：20130101

授权日：2013年12月25日

授权公告号：国家林业局公告（2013年第16号）

授权公告日：2013年12月31日

品种权人：棕榈园林股份有限公司

培育人：黄万坚、殷广湖、邓碧芳

品种特征特性：'夏日粉裙'是以母本'媚丽'、父本'杜鹃红山茶'杂交选育获得。灌木，植株紧凑，生长旺盛。叶片浓绿色，椭圆形，厚革质有光泽，上半部边缘具浅锯齿。花单瓣到半重瓣型。花蕾球形，萼片浅绿色，带细白绒毛。花朵稠密，粉红色，偶带白斑，中到大型花，花瓣排列整齐，倒卵形，先端凹缺，略内卷，花药黄色，花丝浅红色。花期6月至12月份。'夏日粉裙'与近似品种比较的主要不同点如下：

性状	'夏日粉裙'	'媚丽'	'杜鹃红山茶'
花瓣颜色	粉红	玫瑰红	鲜红
花期	6～12月	11月至翌年2月	全年开花
叶缘	上部边缘浅锯齿	均匀锯齿	无锯齿

夏日粉黛

(山茶属)

联系人：陈娜娟

联系方式：020-37883237　国家：中国

申请日：2012年11月13日

申请号：20120162

品种权号：20130102

授权日：2013年12月25日

授权公告号：国家林业局公告
（2013年第16号）

授权公告日：2013年12月31日

品种权人：棕榈园林股份有限公司

培育人：赵珊珊、黎艳玲、叶琦君、周明顺

品种特征特性：'夏日粉黛'是以母本'杜鹃红山茶'、父本'玉盘金华'（Jinhua's Jade Tray）杂交选育获得。灌木，植株开张，生长旺盛，枝条稠密、柔软。叶片浓绿色，长椭圆形，稠密，上半部边缘具浅锯齿。花蕾长纺锤形，萼片淡绿色，开花非常稠密。花朵淡红色到红色，花色随着天气变凉而不断加深。中到大型单瓣型花，花瓣5～11枚，最外2枚花瓣多有白斑。先端微凹，花瓣上可见红色脉纹，阳光下几乎透明，花丝粉红色，基部联合呈管状，花药黄色，花期全年。'夏日粉黛'与近似品种比较的主要不同点如下：

性状	'夏日粉黛'	'杜鹃红山茶'	'玉盘金华'
花色	淡红色到红色	鲜红色	淡粉色
花期	全年开花	全年开花	12～翌年3月
叶形	长椭圆形	狭长披针形至倒披针形	阔倒卵形
株型	开张	立性	立性

夏日七心

（山茶属）

联系人：陈娜娟
联系方式：020-37883237　国家：中国

申请日：2012年11月13日

申请号：20120163

品种权号：20130103

授权日：2013年12月25日

授权公告号：国家林业局公告（2013年第16号）

授权公告日：2013年12月31日

品种权人：棕榈园林股份有限公司

培育人：钟乃盛、冯桂梅、刘玉玲、严丹锋

品种特征特性：'夏日七心'是以母本'杜鹃红山茶'、父本'帕克斯先生'（Dr. Clifford Parks）杂交选育获得。灌木，植株紧凑、立性生长、分枝稠密、生长旺盛。叶片浓绿色，长椭圆形，有光泽，边缘具浅锯齿。花蕾球形，萼片绿色，花朵稠密。花朵红色到深红色，牡丹型中到大型花，外轮花瓣阔倒卵形，先端凹缺，花瓣扭曲，偶有白斑。瓣化花瓣多数，或直立或扭曲，形成几个小旋涡心，雄蕊少数，花丝浅红色。花期6月上旬～12月底。'夏日七心'与近似品种比较的主要不同点如下：

性状	'夏日七心'	'杜鹃红山茶'	'帕克斯先生'
花色	红色至深红色	鲜红色	红色
花期	6～12月	全年开花	1～3月
叶形	长椭圆形	狭长披针形至倒披针形	阔倒卵形

夏日光辉

（山茶属）

联系人：陈娜娟

联系方式：020-37883237　国家：中国

申请日： 2012年11月13日

申请号： 20120165

品种权号： 20130104

授权日： 2013年12月25日

授权公告号： 国家林业局公告（2013年第16号）

授权公告日： 2013年12月31日

品种权人： 棕榈园林股份有限公司

培育人： 赵强民、谌光晖、黄万坚

品种特征特性： '夏日光辉'是以母本'杜鹃红山茶'、父本'大菲丽斯'（Francis Eugene Phillis）杂交选育获得。灌木，植株紧凑，枝叶稠密，植株立性，生长旺盛。叶片浓绿色，长椭圆形，有光泽，边缘具浅锯齿。花蕾纺锤形，萼片黄绿泛红色。开花量中等。花朵红色，中到大型单瓣花，花瓣排列整齐，花瓣5～9枚，倒卵形，先端凹缺，花瓣略起皱。雄蕊多数，花丝粉红色，花药金黄色。花期6～12月份。'夏日光辉'与近似品种比较的主要不同点如下：

性状	'夏日光辉'	'杜鹃红山茶'	'大菲丽斯'
花色	红色	鲜红色	粉红色至紫红色
叶形	长椭圆形	狭长披针形至倒披针形	宽椭圆形
叶缘	浅锯齿	无锯齿	深锯齿

夏咏国色

（山茶属）

联系人：陈娜娟
联系方式：020-37883237　国家：中国

申请日：2012年11月13日

申请号：20120166

品种权号：20130105

授权日：2013年12月25日

授权公告号：国家林业局公告（2013年第16号）

授权公告日：2013年12月31日

品种权人：棕榈园林股份有限公司

培育人：高继银、黄万坚、刘信凯、黄万建

品种特征特性：'夏咏国色'是以母本'杜鹃红山茶'、父本'花牡丹'（Daikagura）杂交选育获得。灌木，植株紧凑、枝叶稠密、生长旺盛。叶片浓绿色，椭圆形，厚革质，叶面光滑，边缘具浅锯齿，叶脉非常清晰。花蕾卵形，萼片绿色，开花稠密。花朵红色，牡丹型中到大型，花瓣先端微缺，倒卵形，有时出现白条纹，有明显深红脉纹，瓣化花瓣扭曲，花瓣间有少量黄色雄蕊。花期6月中旬~12月底。'夏咏国色'与近似品种比较的主要不同点如下：

性状	'夏咏国色'	'杜鹃红山茶'	'花牡丹'
花色	红色	鲜红色	橙红色至鲜红色
花期	6~12月	全年开花	11~翌年2月
叶形	椭圆形	狭长披针形至倒披针形	宽椭圆形
叶缘	浅锯齿	无锯齿	粗锯齿

夏日广场

（山茶属）

联系人：陈娜娟

联系方式：020-37883237　国家：中国

申请日：2012年11月13日

申请号：20120167

品种权号：20130106

授权日：2013年12月25日

授权公告号：国家林业局公告
（2013年第16号）

授权公告日：2013年12月31日

品种权人：棕榈园林股份有限公司

培育人：赖国传、刘玉玲

品种特征特性：'夏日广场'是以母本'杜鹃红山茶'、父本'帕克斯先生'（Dr. Clifford Parks）杂交选育获得。灌木，植株紧凑、分枝稠密、生长旺盛。叶片浓绿色，长椭圆形，厚革质，叶面光滑，边缘具浅锯齿。花蕾球形，萼片绿色，花朵稠密。花朵暗红色，半重瓣到牡丹型，中到巨型花，花瓣倒卵形，先端微缺，有明显深红脉纹，中部花瓣略扭曲，外轮花瓣偶有白斑。雄蕊多，花心常间杂有少量瓣化雄蕊，花丝粉红色。花期6月中旬～12月份。'夏日广场'与近似品种比较的主要不同点如下：

性状	'夏日广场'	'杜鹃红山茶'	'帕克斯先生'
花色	暗红色	鲜红色	红色
花期	6～12月	全年开花	1～3月
叶形	长椭圆形	狭长披针形至倒披针形	阔倒卵形

夏梦文清

（山茶属）

联系人：陈娜娟

联系方式：020-37883237　国家：中国

申请日：2012年11月13日

申请号：20120171

品种权号：20130107

授权日：2013年12月25日

授权公告号：国家林业局公告（2013年第16号）

授权公告日：2013年12月31日

品种权人：棕榈园林股份有限公司

培育人：唐文清、钟乃盛

品种特征特性：‘夏梦文清’是以母本‘杜鹃红山茶’、父本‘帕克斯先生’（Dr. Clifford Parks）杂交选育获得。灌木，植株立性，分枝稠密、生长旺盛。叶片浓绿色，椭圆形，厚革质，有光泽，边缘浅锯齿。花蕾椭圆形，萼片绿色，开花极稠密。花朵艳红色，花型多变，托桂型、牡丹型、偶尔会出现半重瓣型，大到巨型花，外轮花瓣倒卵形，先端凹缺，瓣化花瓣扭曲。花期6月上旬~12月底。‘夏梦文清’与近似品种比较的主要不同点如下：

性状	‘夏梦文清’	‘杜鹃红山茶’	‘帕克斯先生’
花期	6~12月	全年开花	1~3月
叶形	椭圆形	狭长披针形至倒披针形	阔倒卵形
叶缘	浅锯齿	无锯齿	尖锯齿

夏梦可娟

（山茶属）

联系人：陈娜娟
联系方式：020-37883237　国家：中国

申请日：2012年11月13日

申请号：20120161

品种权号：20130108

授权日：2013年12月25日

授权公告号：国家林业局公告（2013年第16号）

授权公告日：2013年12月31日

品种权人：棕榈园林股份有限公司

培育人：许可娟、钟乃盛、刘信凯

品种特征特性：‘夏梦可娟’是以母本‘杜鹃红山茶’、父本‘帕克斯先生’（Dr. Clifford Parks）杂交选育获得。灌木，植株立性，枝叶稠密，生长旺盛。叶片浓绿色，背面灰绿色，长椭圆形，厚实，先端略下弯，边缘齿钝。花蕾尖纺锤状，萼片绿色，开花极稠密，似杜鹃花。花朵艳红色，单瓣型，小到中型花，花瓣5～9枚，椭圆形，感觉厚实、坚挺，完全开放时，花瓣上部外翻，呈小喇叭状，雄蕊多数，花丝粉红色，基部连生，呈筒状，花药黄色。花期6月中旬～12月底。‘夏梦可娟’与近似品种比较的主要不同点如下：

性状	‘夏梦可娟’	‘杜鹃红山茶’	‘帕克斯先生’
花型	小到中型花	中到大型花	巨型花
花期	6～12月	全年开花	1～3月
叶形	长椭圆形	狭长披针形至倒披针形	阔倒卵形

夏梦华林

（山茶属）

联系人：陈娜娟
联系方式：020-37883237　国家：中国

申请日：2012年11月13日
申请号：20120172
品种权号：20130109
授权日：2013年12月25日
授权公告号：国家林业局公告
（2013年第16号）
授权公告日：2013年12月31日
品种权人：棕榈园林股份有限公司
培育人：许华林、冯桂梅、凌迈政

品种特征特性：'夏梦华林'是以母本'都鸟'（Miyakodori）、父本'杜鹃红山茶'杂交选育获得。灌木，植株立性，生长旺盛。叶片浓绿色，长椭圆形到披针形，厚革质，叶面光滑，边缘浅锯齿。花蕾椭圆形，萼片浅绿色，密被细白绒毛，开花稀疏。花朵红色，牡丹型，大到巨型花，花瓣倒卵形，内瓣扭曲，有明显深红脉纹；雄蕊多数，呈辐射状排列，花丝粉红色。花期6～12月。'夏梦华林'与近似品种比较的主要不同点如下：

性状	'夏梦华林'	'都鸟'	'杜鹃红山茶'
花色	红色	白色	鲜红色
花期	6～12月	12～翌年3月	全年开花
叶形	长椭圆至披针形	长椭圆形	狭长披针形至倒披针形
叶缘	浅锯齿	锯齿	无锯齿

夏梦衍平

（山茶属）

联系人：陈娜娟
联系方式：020-37883237 国家：中国

申请日：2012年11月13日
申请号：20120174
品种权号：20130110
授权日：2013年12月25日
授权公告号：国家林业局公告
（2013年第16号）
授权公告日：2013年12月31日
品种权人：棕榈园林股份有限公司
司
培育人：何衍平、钟乃盛、赵强民

品种特征特性：'夏梦衍平'是以母本'媚丽'（Tama Beauty）、父本'杜鹃红山茶'杂交选育获得。灌木，植株立性，生长旺盛。叶片浓绿色，阔椭圆形，稠密，边缘浅齿，叶背面灰绿色。花蕾粗纺锤形，萼片黄绿色，具白细毛，开花稠密。花朵粉红色，花朵中央小花瓣边缘泛白色，托桂型到牡丹型，中型花；外轮花瓣数枚，平铺，先端凹，中部瓣化雄蕊多数，簇拥成团，花瓣间偶见少量散生雄蕊，花药黄色。花期6月中旬～12月份底。'夏梦衍平'与近似品种比较的主要不同点如下：

性状	'夏梦衍平'	'媚丽'	'杜鹃红山茶'
花色	粉红色	玫瑰红色	鲜红色
花期	6～12月	11～翌年2月	全年开花
叶形	阔椭圆形	椭圆形	狭长披针形至倒披针形
叶缘	浅锯齿	锯齿	无锯齿

玉铃铛

（枣）

联系人：王永斌

联系方式：18755887666　国家：中国

申请日：2012年11月9日

申请号：20120158

品种权号：20130111

授权日：2013年12月25日

授权公告号：国家林业局公告（2013年第16号）

授权公告日：2013年12月31日

品种权人：阜阳市颍泉区枣树行种植专业合作社、钱炳华、阜阳市农业科学院

培育人：钱炳华、马宗新、王永斌、李文峰、兰伟、李素梅

品种特征特性：'玉铃铛'是从阜阳市地方枣树品种资源铁铃铛枣芽变培育获得。树姿半开张，干性较弱，树冠圆锥形，树势中庸偏旺。枣头长度60～120cm，粗度0.6cm以上。枣头节间长度6～9cm，二次枝平均长度为30～50cm，二次枝节数8～25节，叶片浓绿色，鲜亮平直，卵状披针形，叶尖钝尖，叶基偏斜形，叶缘钝齿。成熟叶片面积为6.5～7.5cm^2。每花序着生花朵4～9朵，花蕾浅绿色，花量中上等。花朵为昼开型，每朵花着生雄蕊数5个。萼片黄绿色。第二年单株挂果3～5kg，第三年8～10kg，一般三年可以进入丰产期，亩产可以达到3000kg。果实平均纵径3.24cm，平均横径3.26cm，平均单果重19.04g。成熟后赭红色，皮薄，果点小，果核小。'玉铃铛'与近似品种比较的主要不同点如下：

性状	'玉铃铛'	'冬枣'
叶片	平直	卷曲
果实着色	着色均匀果点小	着色不匀果点大
平均花蕾数	34.93	43.11
果核大小	小	大

冀抗杨1号

（杨属）

联系人：杨敏生
联系方式：13931285875　国家：中国

申请日：2012年12月24日
申请号：20130003
品种权号：20130112
授权日：2013年12月25日
授权公告号：国家林业局公告
（2013年第16号）
授权公告日：2013年12月31日
品种权人：河北农业大学
培育人：杨敏生、田颖川、梁海永、王进茂、张军、刘朝华、李晓芬

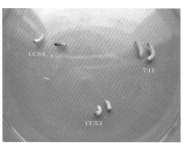

品种特征特性：‘冀抗杨 1 号’为白杨杂种，具有杨属白杨派基本特征，为乔木，树干通直，树皮青绿色，光滑；皮孔棱形，紫褐色，稀疏。树冠卵形，枝条稀疏，分布均匀。长枝及萌生枝密被白色绒毛。长枝叶心形、卵形至三角状卵形，先端尖或圆钝，基部浅心形或截形，边缘不规则缺刻状粗齿或浅裂，齿端初时具腺点；上面沿叶脉疏被短柔毛，绿色，背面密被白色绒毛。短枝叶卵形、矩圆状卵形或圆卵形，先端尖，稀渐尖，基部平截至浅心形，边缘不规则短缺刻状钝齿；叶面暗绿色，叶背浅绿色，两面几无毛，或仅沿叶脉疏被短绒毛。雌性，雌花序长 2～4cm，粗 6～8mm；苞片膜质，红褐色，边缘撕裂，被毛；柱头 4 裂，绿色。果序长 6～8cm，粗 1～1.5cm。塑果卵形，每果序具果 100～120 枚。种子干瘪，不育。‘冀抗杨 1 号’与受体‘741 杨’的主要区别如下表所示：

品种	抗虫基因	*BtCry3A* PCR 检测	抗虫基因插入位点	对柳蓝叶甲抗性	对桑天牛抗性	对桑天牛发育影响
‘冀抗杨 1 号’	*BtCry3A*	有	7 号染色体	幼虫致死率 95% 以上	幼虫致死率 50% 以上	延缓幼虫发育 60% 以上
‘741 杨’	无	无	无	幼虫自然死亡率 10% 以下	幼虫自然死亡率 5% 以下	无延缓幼虫发育

冀抗杨2号

（杨属）

联系人：杨敏生

联系方式：13931285875　国家：中国

申请日：2012年12月24日

申请号：20130004

品种权号：20130113

授权日：2013年12月25日

授权公告号：国家林业局公告（2013年第16号）

授权公告日：2013年12月31日

品种权人：河北农业大学

培育人：杨敏生、田颖川、梁海永、王进茂、张军、李晓芬、刘朝华

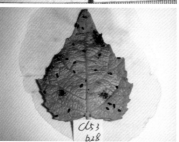

品种特征特性：'冀抗杨 2 号'为白杨杂种，具有杨属白杨派基本特征，为乔木，树干通直，树皮青绿色，光滑；皮孔棱形，紫褐色，稀疏。树冠卵形，枝条稀疏，分布均匀。长枝及萌生枝密被白色绒毛。长枝叶心形、卵形至三角状卵形，先端尖或圆钝，基部浅心形或截形，边缘不规则缺刻状粗齿或浅裂，齿端初时具腺点；上面沿叶脉疏被短柔毛，绿色，背面密被白色绒毛。短枝叶卵形、矩圆状卵形或圆卵形，先端尖，稀渐尖，基部平截至浅心形，边缘不规则短缺刻状钝齿；叶面暗绿色，叶背浅绿色，两面几无毛，或仅沿叶脉疏被短绒毛。雌性，雌花序长 2～4cm，粗 6～8mm；苞片膜质，红褐色，边缘撕裂，被毛；柱头 4 裂，绿色。果序长 6～8cm，粗 1～1.5cm。蒴果卵形，每果序具果 100～120 枚。种子干瘪，不育。'冀抗杨 2 号'与受体'741 杨'的主要区别如下表所示：

品种	抗虫基因	$BtCry3A$ PCR 检测	抗虫基因插入位点	对柳蓝叶甲抗性	对桑天牛抗性	对桑天牛发育影响
'冀抗杨2号'	$BtCry3A$	有	10 号染色体	幼虫致死率90%以上	幼虫致死率40%以上	延缓幼虫发育50%以上
'741 杨'	无	无	无	幼虫自然死亡率10%以下	幼虫自然死亡率5%以下	无延缓幼虫发育

四海升平

（紫薇）

联系人：苟守华

联系方式：0531-88557793 国家：中国

申请日：2012年10月30日

申请号：20120151

品种权号：20130114

授权日：2013年12月25日

授权公告号：国家林业局公告（2013年第16号）

授权公告日：2013年12月31日

品种权人：泰安市泰山林业科学研究院、山东农业大学、泰安时代园林科技开发有限公司

培育人：丰震、张林、王长宪、张安琪、颜卫东、孙中奎、王郑昊、王厚新、王峰、李承秀

品种特征特性：'四海升平'是通过人工诱变形成四倍体植株培育获得。树皮浅褐色，薄片状剥落后枝干光滑；小枝四棱，叶对生，上部互生，全缘，沿主脉上有毛，椭圆形至倒卵状椭圆形；花为两性花，辐射对称，组成腋生或者顶生圆锥花序；花粉红色（RHS N57D），花瓣6，具皱纹，基部有细长爪；雄蕊6至极多，子房3～6室，每室有胚珠多颗；花柱长，柱头头状；蒴果木质，基部有宿存的花萼包围，多少和花萼黏合，成熟时背裂3～6瓣；种子多数，有翅。

'四海升平'与近似品种比较的主要不同点如下：

性状	'四海升平'	紫薇
染色体数	96	48
叶片大小	较大	中等
叶片表面	粗糙、皱缩	平滑
花序长度	较短	中等

北林槐1号

（刺槐属）

联系人：李云

联系方式：010-62336094　国家：中国

申请日：2010年9月21日

申请号：20100070

品种权号：20130115

授权日：2013年12月25日

授权公告号：国家林业局公告
（2013年第16号）

授权公告日：2013年12月31日

品种权人：北京林业大学

培育人：李云、张国君、孙宇涵、徐兆翮、孙鹏、袁存权

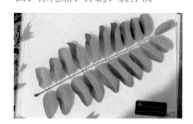
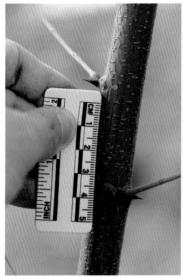

品种特征特性：'北林槐1号'为体细胞组织培养后通过愈伤组织再生的植株中出现的基因型的变异株系，亲本是北京林业大学从韩国引种的速生刺槐'K5'，选出的优良株系为同一株根段扦插扩繁后的无性系。'北林槐1号'的植物学特性如下：

茎干颜色	刺颜色	叶片颜色	叶片形状	叶尖形状	叶基形状
青绿色	褐色	绿色	卵形	钝形微缺	钝形
小叶枚数	复叶柄长（cm）	叶长（mm）	叶宽（mm）	叶厚（mm）	叶脉角度（°）
15～23	24.9	78.44	34.83	0.131	45.1
刺长（mm）	刺中宽（mm）	刺基宽（mm）	百叶干重（g）	株高（cm）	地径（mm）
8.30	1.70	5.91	5.0	295.0	21.0
茎节长（cm）	不定根数	不定根总长（cm）	最长不定根（cm）	侧根数	叶片单宁（g/kg）
4.8	2.7	29.7	17.5	26	9.5

'北林槐1号'与对照品种速生刺槐'K5'比较的不同点如下：

品种	刺性状	植株性状
'北林槐1号'	托叶刺细短	主干侧枝少，株高和地径大
速生刺槐'K5'	托叶刺长	侧枝多，生长较慢

'北林槐1号'在北纬23°～46°、东经124°～86°的广大地区均可栽培；在年平均气温8～14℃、年降水量500～900mm的地方生长良好；最适的造林地为：具有壤质间层的河漫滩，在地表40～80cm以下有沙壤至黏壤的粉沙地、细沙地，土层深厚的石灰岩和页岩山地，黄土高原沟谷坡地。

北林槐2号

联系人：李云

联系方式：010-62336094　国家：中国

申请日：2010年9月21日

申请号：20100071

品种权号：20130116

授权日：2013年12月25日

授权公告号：国家林业局公告
（2013年第16号）

授权公告日：2013年12月31日

品种权人：北京林业大学

培育人：李云、张国君、孙宇涵、徐兆翮、孙鹏、袁存权

品种特征特性：‘北林槐2号’为体细胞组织培养后通过愈伤组织再生的植株中出现的基因型的变异株系，亲本是北京林业大学从韩国引种的速生刺槐‘K3’，选出的优良株系为同一株根段扦插扩繁后的无性系。‘北林槐2号’的植物学特性如下：

茎干颜色	刺颜色	叶片颜色	叶片形状	叶尖形状	叶基形状
褐灰色	褐青色	绿色	卵形	钝形微缺	钝形
小叶枚数	复叶柄长（cm）	叶长（mm）	叶宽（mm）	叶厚（mm）	叶脉角度（°）
13～17	21.2	61.35	27.35	0.110	42.3
刺长（mm）	刺中宽（mm）	刺基宽（mm）	百叶干重（g）	株高（cm）	地径（mm）
6.59	1.45	5.16	2.5	191.4	14.1
茎节长（cm）	不定根数	不定根总长（cm）	最长不定根(cm)	侧根数	叶片单宁（g/kg）
4.5	2.1	19.8	11.8	25	23.3

‘北林槐2号’与近似品种速生刺槐‘K3’比较的不同点如下：

品种	叶片性状	刺性状	植株性状
‘北林槐2号’	复叶小叶枚数少，叶薄	短	主干直，茎节长
速生刺槐‘K3’	复叶小叶枚数多，叶厚	长	侧枝多，茎节短

‘北林槐2号’在北纬23°～46°、东经124°～86°的广大地区均可栽培；在年平均气温8～14℃、年降水量500～900mm的地方生长良好；最适的造林地为：具有壤质间层的河漫滩，在地表40～80cm以下有沙壤至黏壤的粉沙地、细沙地，土层深厚的石灰岩和页岩山地，黄土高原沟谷坡地。

北林槐3号

（刺槐属）

联系人：李云

联系方式：010-62336094　国家：中国

申请日：2010年9月21日

申请号：20100072

品种权号：20130117

授权日：2013年12月25日

授权公告号：国家林业局公告
（2013年第16号）

授权公告日：2013年12月31日

品种权人：北京林业大学

培育人：李云、张国君、孙宇涵、孙鹏、徐兆翮、袁存权

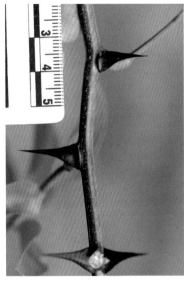

品种特征特性：'北林槐3号'为体细胞组织培养后通过愈伤组织再生的植株中出现的基因型的变异株系，亲本是北京林业大学从韩国引种的四倍体刺槐'K1'，选出的优良株系为同一株根段扦插扩繁后的无性系。'北林槐3号'的植物学特性如下：

茎干颜色	刺颜色	叶片颜色	叶片形状	叶尖形状	叶基形状
黄绿色	褐青色	绿色	披针形	钝形	钝形
小叶枚数	复叶柄长（cm）	叶长（mm）	叶宽（mm）	叶厚（mm）	叶脉角度（°）
17～21	28.8	75.67	28.81	0.117	38.2
刺长（mm）	刺中宽（mm）	刺基宽（mm）	百叶干重（g）	株高（cm）	地径（mm）
14.55	2.21	7.57	3.3	276.5	20.0
茎节长（cm）	不定根数	不定根总长（cm）	最长不定根（cm）	侧根数	叶片单宁（g/kg）
4.1	2.2	24.6	14.5	23	6.9

'北林槐3号'与对照品种速生刺槐'K1'比较的不同点如下：

品种	叶片性状	刺性状	植株性状
'北林槐3号'	复叶小叶枚数少，叶薄	短	主干直，茎节长
速生刺槐'K1'	复叶小叶枚数多，叶厚	长	侧枝多，茎节短

'北林槐3号'在北纬23°～46°、东经124°～86°的广大地区均可栽培；在年平均气温8～14℃、年降水量500～900mm的地方生长良好；最适的造林地为：具有壤质间层的河漫滩，在地表40～80cm以下有沙壤至黏壤的粉沙地、细沙地，土层深厚的石灰岩和页岩山地，黄土高原沟谷坡地。

航刺4号

（刺槐属）

联系人：李云
联系方式：010-62336094 国家：中国

申请日：2010年9月21日
申请号：20100076
品种权号：20130118
授权日：2013年12月25日
授权公告号：国家林业局公告
（2013年第16号）
授权公告日：2013年12月31日
品种权人：北京林业大学
培育人：李云、袁存权、路超、
孙鹏、孙宇涵

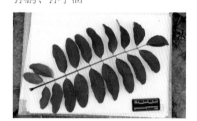

品种特征特性：‘航刺4号’是从河南林场选取的二倍体刺槐优树种子，经卫星搭载诱变后选育获得。‘航刺4号’干形直、分枝数少、枝条斜展、节间距大；树皮灰褐色，纵裂；复叶中长，小叶叶片绿色卵形；主干和侧枝托叶刺退化，近于无刺或刺极小而软。‘航刺4号’与对照品种二倍体刺槐比较的不同点如下：

品种、种	主干托叶刺	侧枝托叶刺
‘航刺4号’	退化，近于无刺或刺极小	退化，近于无刺或刺极小而软
二倍体刺槐	发达	长而发达

　　‘航刺4号’在年平均气温5～15℃，年平均降水量500～2000mm的地区均能正常生长；对土壤条件要求不严，耐干旱瘠薄，在中性土、石灰性土、酸性土、轻盐碱土上均能生长良好，但在年降水量600～1200mm、年平均气温9℃左右的地区生长较好；当生长季节温度在20℃以上、土壤持水量在60%～70%时，生长最快。

京林一号枣

（枣）

联系人： 庞晓明
联系方式： 010-62337061/13681502814　国家：中国

申请日：2013年3月14日

申请号：20130026

品种权号：20130119

授权日：2013年12月25日

授权公告号：国家林业局公告（2013年第16号）

授权公告日：2013年12月31日

品种权人：北京林业大学、沧县国家枣树良种基地

培育人：庞晓明、孔德仓、续九如、王继贵、李颖岳、曹明、王爱华

品种特征特性：落叶乔木，树姿开张，圆形，树势较强，主干灰褐色，粗糙，皮易剥落。枣头红褐色，蜡层少。二次枝长度平均18cm，弯曲度大，二次枝自然生长节数4节。枣吊长度15.8～25.6cm，平均23.5cm，枣吊着叶9～13片，平均11片；叶片颜色深绿，椭圆形，叶尖钝尖，叶基心形，叶缘有钝齿。在河北省沧县4月上中旬萌芽，5月初进入初花期，6月初进入盛花期，6月底进入终花期；9月中下旬进入果实白熟期，9月下旬进入果实脆熟期，10月初进入果实完熟期。11月初进入落叶期。果肉厚，浅绿色，肉质稍粗，汁液中。维生素C含量为371.8mg/100g。果实圆形稍长，果肩较平，果顶凹，果实颜色红，果面光滑亮泽，果皮较薄，果点小，密度高；果柄长度0.8cm，梗洼深、狭，萼片和柱头脱落。核纺锤形，纵径0.97cm，横径2.26cm，平均核重0.910g，无核仁。'京林一号枣'果形圆形略高桩，果实大，品质好，抗裂果。

品种	果实形状	平均单果重	抗裂果病
'赞皇大枣'	长圆形	20.96g	不抗
'京林一号枣'	圆形略高桩	24.08g	抗性强

'京林一号枣'（下）与'赞皇大枣'（上）枣吊形态对比

兴安1号蓝莓

（越橘属）

联系人： 连俊文
联系方式： 13644803039　国家：中国

申请日：2013年4月1日

申请号：20130028

品种权号：20130120

授权日：2013年12月25日

授权公告号：国家林业局公告（2013年第16号）

授权公告日：2013年12月31日

品种权人：邹芳钰、连俊文、聂森

培育人：邹芳钰、连俊文、聂森

品种特征特性：'兴安1号'是选择大兴安岭野生结果量大的蓝莓个体为母本，与美国引进的美登蓝莓杂交产生的子二代，再与野生蓝莓杂交，产生第三代杂交蓝莓，通过种子繁殖、扦插育苗重复筛选的方法形成稳定的新品种。'兴安1号'蓝莓形态特征：茎分枝数量多，4年茎分枝数平均为36个，木质化程度高；叶长卵圆形，密度高，深绿；花期在5月中旬～8月上旬，果期在6月下旬～9月下旬，浆果型。'兴安1号'与近似品种比较的主要不同点如下：

性状	野生蓝莓	美登蓝莓	'兴安1号'蓝莓
茎分枝密度	少	大	密
木质化	木质化程度强	木质化程度弱	木质化程度强
叶片颜色	中绿	中绿	深绿
叶片形状	倒卵圆形	尖卵圆形	长卵圆形
平均单株结果果实重量	150～200g	1500g 以上	1040g
果实类型	浆果型	肉果型	

鲁林16号杨

（杨属）

联系人：姜岳忠

联系方式：0531-88557768　国家：中国

申请日：2013年3月6日

申请号：20130023

品种权号：20130121

授权日：2013年12月25日

授权公告号：国家林业局公告
（2013年第16号）

授权公告日：2013年12月31日

品种权人：山东省林业科学研究院

培育人：姜岳忠、荀守华、乔玉玲、董玉峰、秦光华、王卫东、王月海

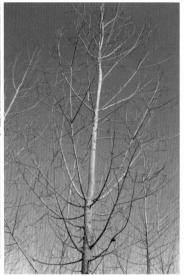

品种特征特性： 苗木形态：（冬季）一年生苗干通直，中上部无侧枝。苗干"M"形棱脊线自下而上凸起明显，棱角凹槽由浅变较深；皮孔白色，自下而上由宽变窄，圆形、椭圆形至长椭圆形或线形，大小不一致，分布不均匀；苗干中上部阳面灰褐色，阴面灰绿色；苗干侧芽自下而上由小变大，中上部芽长 0.5～1.1cm，长卵形，褐色，由贴近茎干逐渐翘起不贴茎干；苗干中部横切面圆形稍有棱角。
（初夏）一年生扦插苗叶片绿色，长度中等，最大宽度中等，叶片中脉长度与叶片最大宽度的比率大于 1；叶片轮廓平展，下表面无绒毛，叶基宽直楔形，叶片与叶柄连接处凹形，叶尖短尾尖，叶片基部腺体 2 个；叶柄长度中等，无绒毛。

成年树形态：雄性，成熟花序长 10～14cm，具雄花 80～100 朵，每朵雄花具雄蕊 60～100 枚。干形直，顶端主干明显，无竞争枝；下部树皮浅纵裂，中部以上光滑不裂；树冠长椭圆形；一级侧枝层轮明显，较稀疏，粗细均匀，枝角自下而上 50°～30°，枝梢直立向上。

品种特异性：'鲁林 16 号杨'与母本近似品种'L324 杨'性状差异如下：

品种	1 年生扦插苗叶片形状	苗干中上部侧枝	苗干中部横切面	干形	一级侧枝与主干夹角	性别
'鲁林 16 号杨'	叶基宽直楔形，叶尖短尾尖	无	圆形稍有棱角	直	较小	雄性
'L324 杨'	叶基宽直楔形，叶尖尾尖	少量	圆形	稍弯	较大	雌性

鲁林9号杨

（杨属）

联系人：姜岳忠

联系方式：0531-88557768　国家：中国

申请日：2013年3月6日

申请号：20130022

品种权号：20130122

授权日：2013年12月25日

授权公告号：国家林业局公告
（2013年第16号）

授权公告日：2013年12月31日

品种权人：山东省林业科学研究
院

培育人：姜岳忠、荀守华、乔玉
玲、董玉峰、秦光华、王卫东、
王月海

品种特征特性：苗木形态：（冬季）一年生苗干通直，中上部有少量侧枝。苗干"M"形棱脊线自下而上逐渐明显，棱角凹槽由很浅变浅；皮孔白色，自下而上由宽变窄，圆形、椭圆形至长椭圆形或线形，大小不一致，分布不均匀；苗干中部阳面青褐色阴面青灰色，苗干上部阳面灰褐色阴面灰绿色；苗干侧芽自下而上由小变大，中上部芽长0.4～0.8cm，长卵形，褐色，由贴近茎干逐渐翘起不贴苗干；苗干中部横切面圆形。（初夏）一年生扦插苗叶片绿色，长度中等，最大宽度较宽，叶片中脉长度与叶片最大宽度的比率小于1；叶片轮廓平展，下表面无绒毛；叶基微心形，叶片与叶柄连接处交叠，叶尖短尾尖，叶片基部腺体2个；叶柄长度中等，无绒毛。

成年树形态：雄性，成熟花序长9～13cm，具雄花90～100朵，每朵雄花具雄蕊60～100枚。干形通直，顶端主干明显，无竞争枝；下部树皮浅纵裂，中部以上光滑不裂；树冠长卵形；一级侧枝层轮明显，较稀疏，细至中粗，较长，枝角自下而上80°～40°。

品种特异性：'鲁林9号杨'与母本'L324杨'和父本'T26杨'性状差异如下：

品种	1年生扦插苗叶片形状	苗干中部横切面	干形	性别
'鲁林9号杨'	叶基微心形，叶片与叶柄连接处交叠，叶尖短尾尖	圆形	通直	雄性
'L324杨'	叶基宽直楔形，叶片与叶柄连接处凹形，叶尖尾尖	圆形	稍弯	雌性
'T26杨'	叶基圆形，叶片与叶柄连接处平行下陷，叶尖宽尾尖	圆形稍有棱角	直	雄性

森禾红玉

（润楠属）

联系人：范文锋
联系方式： 0571-28931732 国家：中国

申请日：2012年9月25日
申请号：20120145
品种权号：20130123
授权日：2013年12月25日
授权公告号：国家林业局公告
（2013年第16号）
授权公告日：2013年12月31日
品种权人：浙江森禾种业股份有
限公司
培育人：郑勇平

品种特征特性：'森禾红玉'是由实生苗选育获得。常绿乔木，叶披针形，长 10.5～13.3cm，宽 2.5～3.9cm，叶柄长 1.5～1.9cm，叶尖渐尖，叶基窄楔形；嫩叶叶面红色，分布于树冠外围，可达满树红叶效果；嫩叶叶背粉红色。入夏后叶色逐渐变绿，老叶正面黄绿色，背面粉绿色。'森禾红玉'与刨花楠比较的主要不同点如下：

性状	'森禾红玉'	刨花楠
嫩叶正面颜色	红色	黄绿色
嫩叶背面颜色	粉红色	粉黄绿色

左为'森禾红玉'新叶，右为普通刨花楠

森禾亮丽

联系人：范文锋

联系方式：0571-28931732　国家：中国

申请日：2012年9月25日
申请号：20120146
品种权号：20130124
授权日：2013年12月25日
授权公告号：国家林业局公告
（2013年第16号）
授权公告日：2013年12月31日
品种权人：浙江森禾种业股份有
限公司
培育人：郑勇平

品种特征特性：'森禾亮丽'是由实生苗选育获得。常绿乔木，小枝树皮青绿色，顶芽长卵形，芽鳞无毛，单叶互生。叶厚革质，倒卵形，长4.5～8.0cm，宽1.5～3.0cm，叶尖尾尖，叶基窄楔形，叶片正面光亮深绿色，背面粉绿色，枝叶紧密。'森禾亮丽'与短叶红楠比较的主要不同点如下：

性状	'森禾亮丽'	短叶红楠
叶形	倒卵形	椭圆形
叶面颜色	深绿色、光亮	浅绿色、无光亮

金洋

（构属）

联系方式：13942610079　国家：中国

申请日：2013年6月23日

申请号：20130077

品种权号：20130125

授权日：2013年12月25日

授权公告号：国家林业局公告
（2013年第16号）

授权公告日：2013年12月31日

品种权人：王凤英、张闯令、张
文卓

培育人：王凤英、金贵林、于
艺、崔巍、张文卓、张闯令

品种特征特性：'金洋'为构属落叶乔木，树高可达16m，胸径可达60cm，老树皮为红褐色，休眠小枝为棕红色；叶互生，宽卵形，成叶不裂或3浅裂，叶表无毛，叶背具稀绒毛；雌雄异株，雌花为头状花序，花序柄长于花序的球径；聚花果，球形，径约1.5cm；花期5月，果期8~9月。叶片初生叶为黄色，成熟叶金黄色，老熟叶淡黄色，生长季节树冠整体为金黄色。'金洋'与日本构树相比，主要不同点如下：

性状	'金洋'	日本构树
叶片颜色	黄色、金黄色、淡黄色	绿色

两相思

（刚竹属）

联系人：郭起荣
联系方式：13718709513　国家：中国

申请日：2012年11月1日
申请号：20120157
品种权号：20130126
授权日：2013年12月25日
授权公告号：国家林业局公告
（2013年第16号）
授权公告日：2013年12月31日
品种权人：国际竹藤中心、博爱县竹子科学研究所
培育人：郭起荣、毋存俭、张玲、冯云、焦保国、李成用、李越、毋爱霞、李军启、薛保林

品种特征特性：'两相思'是在河南博爱县桂竹园林中发现培育获得。秆高可达20m，粗达15cm，幼秆无毛，无白粉或被不易察觉的白粉，偶可在节下具稍明显的白粉环；节间长达40cm，壁厚约5mm；秆环稍高于箨环。箨鞘革质，背面黄褐色，有时带绿色或紫色，有较密的紫褐色斑块与小斑点和脉纹，疏生脱落性淡褐色直立刺毛；箨耳小形或大形而呈镰状，有时无箨耳，紫褐色，繸毛通常生长良好，亦偶可无繸毛；箨舌拱形，淡褐色或带绿色，边缘生较长或较短的纤毛；箨片带状，中间绿色，两侧紫色，边缘黄色，平直或偶可在顶端微皱曲，外翻。末级小枝具2～4叶；叶耳半圆形，繸毛发达，常呈放射状，叶舌明显伸出，拱形或有时截形；叶片长5.5～15cm，宽7.5～2.5cm。材质坚硬、致密、弹性好、韧性强、笋味好。笋期5月中旬～6月上旬。笋肉多味香。耐寒、耐旱，能适应−17℃的低温。'两相思'与近似品种比较的主要不同点如下：

性状	'两相思'	'斑竹'
竹杠黑色斑点部位	黑斑仅现沟槽	黑斑点布满整根竹秆

齐云山1号

（南酸枣）

联系人：凌华山
联系方式：13907071368　国家：中国

申请日：2013年4月1日
申请号：20130029
品种权号：20130127
授权日：2013年12月25日
授权公告号：国家林业局公告
（2013年第16号）
授权公告日：2013年12月31日
品种权人：江西齐云山食品有限
公司
培育人：陈周海、刘继延、林朝
楷、凌华山

品种特征特性：'齐云山 1 号'是从野生南酸枣资源中通过单株选育获得，为高大落叶乔木，杂性，雌雄异株，高 8～12m，树皮灰褐色，纵裂呈片状剥落；单数羽状复叶，互生，小叶对生，纸质，长 4～10cm，宽 2～4cm，顶端长渐尖，基部不等而偏斜，背面脉腋内有束毛；花期 3 月下旬～4 月中旬，雄花和假两性花（不育花）排成腋生圆锥花序，雌花单生小枝上部叶腋，萼杯状，一簇 2～3 朵，花瓣 5，常略反折或伸展；果熟呈土（金）黄色，个大，梨（长椭圆）形，表皮稍厚略显粗糙，果实耐储性好，成熟期 10 月中下旬～12 月下旬果实生长期长，单果重 24～34g，平均单果重 29g，果肉较厚，含量 51%～56%，比普通南酸枣高 6% 左右，成熟后自动掉落，果肉黏滑黏稠状酸中带甜，果核坚硬，骨质，顶端有 5 小孔，孔上覆有薄膜。'齐云山 1 号'与近似品种比较的主要不同点如下：

性状	'齐云山 1 号'	普通野生南酸枣
果形	梨（长尖椭圆）形	圆形或椭圆形
果重	24～34g	14～18g
果肉含量	51%～56%	45%～50%
成熟期	10 月中下旬～12 月下旬	8 月上旬～11 月上旬

齐云山7号

（南酸枣）

联系人：凌华山
联系方式：13907071368 国家：中国

申请日：2013年4月1日
申请号：20130030
品种权号：20130128
授权日：2013年12月25日
授权公告号：国家林业局公告
（2013年第16号）
授权公告日：2013年12月31日
品种权人：江西齐云山食品有限
公司
培育人：陈周海、刘继延、林朝
楷、凌华山

品种特征特性：‘齐云山7号'是从野生南酸枣资源中通过单株选育获得，为高大落叶乔木，杂性，雌雄异株，高8～12m，树皮灰褐色，纵裂呈片状剥落；单数羽状复叶，互生，小叶对生，纸质，长圆形至长圆状椭圆形，长4～10cm，宽2～4cm，顶端长渐尖，基部不等而偏斜，背面脉腋内有束毛；花期3月下旬至4月中旬，雄花和假两性花(不育花)排成腋生圆锥花序，雌花单生小枝上部叶腋，萼杯状，一簇5～6朵，花瓣5，常略反折或伸展；果熟呈土(金)黄色，圆形，果蒂处有红色斑纹，成熟期9月中旬～11月中旬，单果18.5～22.5g，平均重20.1g，果肉含量较高，平均达55.4%，成熟后自动掉落，果肉黏滑黏稠状酸中带甜，果核较小，坚硬，骨质，顶端有五小孔，孔上覆有薄膜。'齐云山7号'与近似品种比较的主要不同点如下：

性状	‘齐云山7号'	普通野生南酸枣
果形	圆形	圆形或椭圆形
果重	18.5～22.5g	14～18g
果肉含量	54.6%～56.5%	45%～50%

齐云山13号

（南酸枣）

联系人：凌华山
联系方式：13907071368 国家：中国

申请日：2013年4月1日
申请号：20130031
品种权号：20130129
授权日：2013年12月25日
授权公告号：国家林业局公告
（2013年第16号）
授权公告日：2013年12月31日
品种权人：江西齐云山食品有限公司
培育人：陈周海、刘继延、林朝楷、凌华山

品种特征特性：'齐云山13号'是从野生南酸枣资源中通过单株选育获得，为高大落叶乔木，杂性，雌雄异株，高8～12m，树皮灰褐色，纵裂呈片状剥落；单数羽状复叶，互生，小叶对生，纸质，长圆形至长圆状椭圆形，长4～10cm，宽2～4cm，顶端长渐尖，基部不等而偏斜，背面脉腋内有束毛；花期3月下旬～4月中旬，雄花和假两性花（不育花）排成腋生圆锥花序，雌花单生小枝上部叶腋，萼杯状，一簇5～6朵，花瓣5，常略反折或伸展；果熟呈土（金）黄色，长圆形，成熟期9月上旬～11月中旬，单果平均重19.2g，果肉含量高（58%～63%），均匀果肉含量59%，成熟后自动掉落，果肉黏滑粘稠状酸中带甜，果核坚硬，骨质，顶端有5小孔，孔上覆有薄膜。'齐云山13号'与近似品种比较的主要不同点如下：

性状	'齐云山13号'	普通野生南酸枣
果形	长圆形	圆形或椭圆形
果重	平均19.2g	14～18g
果肉含量	58%～63%	45%～50%

青云1号

（槐属）

联系人：赵京献

联系方式：13032636517　国家：中国

申请日：2012年11月13日

申请号：20120159

品种权号：20130130

授权日：2013年12月25日

授权公告号：国家林业局公告（2013年第16号）

授权公告日：2013年12月31日

品种权人：河北省林业科学研究院

培育人：赵京献、秦素洁、刘俊、郭伟珍

品种特征特性：'青云1号'是从国槐自然实生苗变异选育获得。乔木，生长速度快、干性通直、树形优美。一年生枝条暗绿色，皮孔稀少；主枝上皮孔较稀疏，较大，长条形。奇数羽状复叶，小叶9～15枚，椭圆形；叶片较大，平均长度5.37cm、平均宽度2.38cm。'青云1号'与近似品种比较的主要不同点如下：

性状	'青云1号'	国槐
小叶数（枚）	9～15	13～39
小叶平均长度（cm）	5.37	2.67
小叶平均宽度（cm）	2.38	1.64
主干皮孔	大，长条形	小而密，圆形或椭圆形

'青云1号'（左）复叶与对照（右）比较

'青云1号'（左）与对照（右）比较生产情况

冬红白蜡

（白蜡树属）

联系人：孙清文
联系方式：18953066555　国家：中国

申请日：2013年6月9日
申请号：20130062
品种权号：20130131
授权日：2013年12月25日
授权公告号：国家林业局公告
（2013年第16号）
授权公告日：2013年12月31日
品种权人：东营市绿鑫种苗有限
责任公司、山东省林业科学研究
院
培育人：孙清文、赵大勇、刘德
玺、王振猛、杨庆山

品种特征特性：'冬红白蜡'为落叶乔木，雌株。树干通直，挺拔，顶芽越冬生长优势强，主干分枝角度小，多20°～40°，树皮灰绿至灰色，成年树不皲裂。主干节及节间短而明显，节膨大较明显。当年生枝腋芽基本不萌发。4～5年生枝灰绿至绿色、光滑、皮孔量中等；2～3年生小枝绿色，皮孔中等。奇数羽状复叶，轮生，小叶7～13，常13，小叶具短柄或近无柄，顶生小叶形态变异多、单叶或2～3深裂，披针形，长5～7cm，宽2～3（4）cm，叶背仅主脉两侧具稀疏柔毛。圆锥花序侧生于上年枝上，先开花后展叶。春季新梢叶片褐色，渐变深绿色，秋季整株叶轴至叶片逐渐变红褐色，落叶晚。'冬红白蜡'与欧洲白蜡比较的主要不同点如下：

品种、种	性别	复叶着生方式	树皮颜色	皮孔密度	幼叶颜色	深秋叶色
'冬红白蜡'	雌株	轮生	绿色至灰绿色	皮孔稀少至中等	褐色或浅绿色	红褐色
欧洲白蜡	雌雄异株	对生	灰白色	皮孔较密	浅绿色	绿色

常寒1号桉

（桉属）

联系人：曾炳山
联系方式：13808816169　国家：中国

申请日：2009年11月16日
申请号：20090042
品种权号：20130132
授权日：2013年12月25日
授权公告号：国家林业局公告
（2013年第16号）
授权公告日：2013年12月31日
品种权人：中国林业科学研究院
热带林业研究所、常德桉林耐寒
桉树种植有限公司
培育人：曾炳山、张耀忠、裘珍
飞、周国华、刘英、李湘阳、赖
伟鹏、赵仪、欧阳聪、李武陵、
马小平

品种特征特性：'常寒1号桉'是从桉树中发现的独株抗寒巨桉杂交植株，经组培成袋苗后试种，2008年初遇大冰冻检验，在来年仍存活获得的。'常寒1号桉'为大乔木；树皮棕褐色，块状剥落，脱落后灰白色；嫩枝有棱，向阳面红褐色；叶互生，厚革质；幼态叶宽披针形或卵形，成熟叶卵状披针形或矩圆状卵形，长9～16cm，宽3～6cm，两面被腺点，侧脉较密而细，以60°～70°角斜向上，叶柄长1.5～2cm；伞形花序腋生，有花4～8朵；花序梗扁平，通常长1.5～2cm；花柄短，长0.2～0.3cm；花蕾椭圆状球形，长0.8～1cm，宽0.5～0.7cm；帽盖与萼等长或稍短，半球形，具极短喙；花期（湖南常德）8～10月；蒴果杯状或筒状钟形，径0.5～0.7cm，果缘内藏，果期9月～翌年1月。'常寒1号桉'与对照品种'巨桉'、'邓恩桉'、'巨尾桉'比较的不同点如下表。'常寒1号桉'适宜在北纬30°～25°较寒冷地区作为耐寒品种种植，中性和弱酸性土壤可适种，要达到速生要求，以土层深厚为佳。

品种	叶	耐寒性
'常寒1号桉'	幼叶态宽披针形或卵形；成熟叶卵状，披针形或矩圆状卵形，长9～16cm，宽3～6cm；侧脉在叶缘相连明显	极耐寒，能耐受冰冻持续长达30天，极端低温达 –10℃
'巨桉'	幼叶态宽披针形或卵形；成熟叶披针形，长13～20cm，宽2～3.5cm；侧脉在叶缘相连不明显	耐寒，耐受冰冻时间短，短时低温不超过 –5℃
'邓恩桉'	幼态叶心形；成熟叶宽披针形，长17～28cm，宽4～7cm	较耐寒，持续耐受冰冻不超过5天，低温不超过 –5℃
'巨尾桉'	成熟叶披针形，长13～20cm，宽2（3）～3.5cm；侧脉在叶缘相连不明显或不相连	不耐寒

菩丝艾诗007(Poulcs007)

（蔷薇属）

联系人：芒斯·奈格特·奥乐森
联系方式：0045-48483028　国家：丹麦

申请日：2006年10月9日
申请号：20060047
品种权号：20130133
授权日：2013年12月25日
授权公告号：国家林业局公告
（2013年第16号）
授权公告日：2013年12月31日
品种权人：丹麦蓓薰玫瑰有限公
司（Poulsen Roser A/S）
培育人：芒斯·奈格特·奥乐森
（Mogens Nyegaard Olesen）

品种特征特性： '菩丝艾诗007'（Poulcs007）的母本为蓓薰玫瑰有限公司的红色花无名秧苗，父本为'菩丝库'（Poulskov）。'菩丝艾诗007'（Poulcs007）为落叶小灌木，植株生长浓密，高度中等，宽度中等；新枝花色素紫色，显色程度中等；茎上有刺，刺下部凹形，短刺没有或非常少，长刺数目中等；叶片小到中等，第一次开花时叶片颜色深，叶片光泽中等到强烈，小叶横切面扁平，小叶叶缘没有或微弱起伏，末端小叶的叶片长度中等，宽度中等，叶基钝形；花枝的花朵数目中等，花梗茸毛或刺的数目少，花蕾与萼片分离前的纵切面宽卵形；花重瓣型；花瓣数目非常多，约75～80枚；花径中等，约60～70mm；花的俯视图为圆形，上半部侧视图扁凸，下半部侧视图凹陷；香气微弱；萼片延展微弱；花瓣大小中等，花瓣内侧深粉色（RHS 49A），外侧淡粉色（RHS 49C）；花瓣内外侧底部均有小斑点，内侧斑点淡绿黄色（RHS 4C），外侧斑点苍白的黄绿色（RHS 4D）；花瓣边缘反卷中等，边缘没有或非常弱的起伏；外雄蕊的花丝黄色；花瓣凋落时果实大小中等，纵切面漏斗形；始花期中等；具有连续开花的特性。'菩丝艾诗007'（Poulcs007）的新枝花色素显色程度中等，花瓣内侧深粉色（RHS 49A），外侧淡粉色（RHS 49C），花瓣数目非常多，约75～80枚，花径中等，约60～70mm；近似品种'菩贝拉'（Poulbella）的新枝花色素显色程度强烈，花瓣内侧深紫粉色（RHS 55B），外侧淡紫粉色（RHS 55C），花瓣数目中等，约40枚，花径中等，约50～75mm。'菩丝艾诗007'（Poulcs007）适宜种植于排水良好的土壤，宜轻阴。

菩丝艾诗011(Poulcs011)

（蔷薇属）

联系人：芒斯·奈格特·奥乐森
联系方式：0045-48483028　国家：丹麦

申请日：2006年10月9日
申请号：20060048
品种权号：20130134
授权日：2013年12月25日
授权公告号：国家林业局公告
（2013年第16号）
授权公告日：2013年12月31日
品种权人：丹麦蓓薰玫瑰有限公
司（Poulsen Roser A/S）
培育人：芒斯·奈格特·奥乐森
（Mogens Nyegaard Olesen）

品种特征特性：'菩丝艾诗011'（Poulcs011）的母本为蓓薰玫瑰有限公司的无名秧苗，父本为'菩丝库'（Poulskov）。'菩丝艾诗011'（Poulcs011）为落叶小灌木，植株生长浓密，高度中等，宽度中等；新枝花色素红棕色到紫色，显色程度微弱；茎上有刺，刺下部深凹形，短刺没有或非常少，长刺数目中等；叶片大小中等，第一次开花时叶片颜色深，叶片光泽强烈，小叶横切面扁平，小叶叶缘没有或微弱起伏，末端小叶的叶片长度中等，宽度中等，叶基钝形到圆形；花枝的花朵数目中等，花梗茸毛或刺的数目多，花蕾与萼片分离前的纵切面宽卵形；花半重瓣型；花瓣数目中等，约35～40枚；花径中等，约60～70mm；花的俯视图为圆形，上半部侧视图凸起；香气强烈；萼片延展没有或非常弱；花瓣大小中等，花瓣内侧为深粉色和淡黄粉色（RHS 49A和27A），外侧为苍白的粉色和黄粉色（RHS 49D和27D）；花瓣内外侧底部均有大斑点，内侧斑点为苍白的绿黄色（RHS 9D），外侧斑点苍白的绿黄色（RHS 9D）；花瓣边缘反卷微弱，边缘起伏微弱；外雄蕊的花丝黄色（RHS 5B）；花瓣凋落时果实小，纵切面水罐形；始花期中等；具有连续开花的特性。'菩丝艾诗011'（Poulcs011）的花瓣内侧深粉色和淡黄粉色（RHS 49A和27A），外侧苍白的粉色和黄粉色（RHS 49D和27D），花瓣数目中等，约35～40枚，花径中等，约60～70mm；近似品种'菩丝艾诗003'（Poulcs003）的花瓣内侧淡黄色（RHS 18B），外侧苍白的黄色（RHS 18C），花瓣数目少到中等，约30～35枚，花径中等，约70～80mm。'菩丝艾诗011'（Poulcs011）适宜种植于排水良好的土壤，宜轻阴。

西吕塔娜(Schathena)

（蔷薇属）

联系人：霍曼·舒尔顿

联系方式：0031-174420171　国家：荷兰

申请日：2011年3月10日

申请号：20110013

品种权号：20130135

授权日：2013年12月25日

授权公告号：国家林业局公告（2013年第16号）

授权公告日：2013年12月31日

品种权人：荷兰彼得·西吕厄斯控股公司（Piet Schreurs Holding B.V.）

培育人：P.N.J.西吕厄斯（Petrus Nicolaas Johannes SCHREURS）

品种特征特性：'西吕塔娜'（Schathena）是以 S5249 为母本、PSR809 为父本杂交选育获得。植株直立，株高、冠幅中等；幼枝花青甙显色弱到中，枝条具刺，刺数量中到多，显色呈红棕。叶片大小中等，形状卵圆，叶绿色，表面光泽度弱，叶缘锯齿弱，顶端小叶叶基钝。花重瓣，单色，白色，单头花，花朵直径中到大；花瓣为不规则圆形，数量少，大小中等，缺刻弱，边缘波状弱、翻卷强；内瓣主要颜色白色，主色均匀，基部有小斑点，斑点浅黄；花丝主色浅黄。花香味无或弱。'西吕塔娜'（Schathena）与近似品种比较的不同点如下：

品种	萼片边缘锯齿	花瓣主要颜色
'西吕鲁斯'（Schirys）	无	乳白色
'西吕塔娜'（Schathena）	弱	白色

西吕扎恩(Schiziens)

（蔷薇属）

联系人：霍曼·舒尔顿
联系方式：0031-174420171　国家：荷兰

申请日：2011年3月10日
申请号：20110014
品种权号：20130136
授权日：2013年12月25日
授权公告号：国家林业局公告
（2013年第16号）
授权公告日：2013年12月31日
品种权人：荷兰彼得·西吕厄斯
控股公司（Piet Schreurs Holding
B.V.）
培育人：P.N.J.西吕厄斯（Petrus
Nicolaas Johannes SCHREURS）

品种特征特性：'西吕扎恩'（Schiziens）是以SR10523为母本、SR515为父本杂交选育获得。植株直立，株高矮到中、冠幅中等；幼枝花青甙显色中到强，枝条具刺，刺大，显色呈绿略带红晕。叶片大到中，形状卵圆，叶绿色，表面光泽度中，叶缘锯齿弱，顶端小叶叶基钝。花重瓣，单色，主色为黄色，单头花，花朵直径中到大；花瓣为不规则圆形，数量少，大小中等，缺刻弱，边缘波状弱、翻卷无或弱；内瓣主要颜色黄色，外花瓣主要颜色淡黄渐浅，内瓣基部有斑点；花丝主色橙黄。花香味无或弱。'西吕扎恩'（Schiziens）与近似品种比较的不同点如下：

品种	萼片边缘锯齿	花瓣缺刻	外花瓣颜色
'西吕勒拉'（Schrecla）	无	无到弱	浅黄并带红晕
'西吕扎恩'（Schiziens）	弱	弱到中	浅黄

西吕塔格(Schotoga)

（蔷薇属）

联系人：霍曼·舒尔顿
联系方式： 0031-174420171　国家：荷兰

申请日：2011年3月10日
申请号：20110015
品种权号：20130137
授权日：2013年12月25日
授权公告号：国家林业局公告
（2013年第16号）
授权公告日：2013年12月31日
品种权人：荷兰彼得·西吕厄斯
控股公司（Piet Schreurs Holding
B.V.）
培育人：P.N.J.西吕厄斯（Petrus
Nicolaas Johannes SCHREURS）

品种特征特性：‘西吕塔格’（Schotoga）是以 S813 为母本、S998 为父本杂交选育获得。植株直立，株高矮到中、冠幅中等；幼枝花青甙显色弱，枝条具刺，刺少，显色呈红棕色。叶片大到中，形状卵圆，叶绿色，表面光泽度中，叶缘锯齿无，顶端小叶叶基钝。花蕾纵剖面窄卵形，花重瓣，主色为粉色，单头花，花朵直径中到大，内瓣单色；花瓣为不规则圆形，数量少，大小中等，缺刻中，边缘波状弱、翻卷弱；单色品种，内瓣主要颜色蓝粉，花色均匀，内瓣基部有斑点，斑点大小中等、颜色白色；花丝主色淡黄。花香味无或弱。‘西吕塔格’（Schotoga）与近似品种比较的不同点如下：

品种	萼片边缘锯齿	花瓣缺刻	花瓣边缘翻卷
‘西吕纳特’（Schrenat）	中到强	无到弱	中
‘西吕塔格’（Schotoga）	无	中	弱

中国林业植物授权新品种（2013）

137

尼尔帕尔(Nirpair)

（蔷薇属）

联系人：尼古拉·诺瓦若
联系方式：0049-3287590　国家：意大利

申请日：2011年3月10日

申请号：20110018

品种权号：20130138

授权日：2013年12月25日

授权公告号：国家林业局公告
（2013年第16号）

授权公告日：2013年12月31日

品种权人：意大利里维埃拉卢克
斯公司（Lux Riviera S.R.L.）

培育人：阿勒萨德·吉尔纳
（Alessandro Ghione）

品种特征特性：'尼尔帕尔'（Nirpair）是由'金·克莱维'（Krivagold）为母本、未命名的实生苗为父本杂交选育获得。植株窄灌型、直立，株高、冠幅中等；幼枝花青甙显色中等，枝条具刺，显色呈红棕色。叶片大小中等，形状卵圆，叶浅至中绿色，表面光泽度弱，小叶边缘波状中等，顶端小叶叶基钝。花蕾纵剖面卵形，花重瓣，主色黄色，双头花，花朵直径大；花瓣为不规则圆形，数量多，大小中等，花瓣缺刻无或弱，边缘波状中等、反卷弱；内瓣主色为黄色、基部渐浅，内瓣基部有小斑点，斑点颜色浅黄；花丝主色淡黄。花香味无或弱。'尼尔帕尔'（Nirpair）与近似品种比较的不同点如下：

品种	花主色
'蓝色珍品'（Blue Curiosa）	蓝粉色
'尼尔帕尔'（Nirpair）	黄色

香颂

（蔷薇属）

联系人：刘东
联系方式：010-62336126　国家：中国

申请日：2011年10月26日

申请号：20110110

品种权号：20130139

授权日：2013年12月25日

授权公告号：国家林业局公告（2013年第16号）

授权公告日：2013年12月31日

品种权人：北京林业大学国家花卉工程技术研究中心

培育人：张启翔、于超、潘会堂、王蕴红、程堂仁、罗乐、白锦荣

品种特征特性：'香颂'是用母本'奶油妹'、父本'牡丹月季'人工杂交选育获得。直立灌木，株高 60～100cm，冠幅 40～60cm，萌蘖性强。茎干皮刺数量中等，枝条绿色，仅嫩枝紫红色。羽状复叶，小叶 3～5 枚，卵形至卵状长圆形，边缘有锐齿，两面近无毛，上面绿色，下面颜色较浅，叶长 8～12cm，宽 6～10cm；托叶大部分与叶柄合生，仅顶端分离部分成耳状，边缘具腺毛。花单生于枝顶，花梗长 8～10cm，具硬直刺和腺毛。花紫红色（64D～63B），外层花瓣颜色较深，内层花瓣颜色较浅，花瓣 35～40 枚，花形高心卷边杯形，直径 7～9cm，具香味。萼片卵状披针形，有 2 个萼片无延展，另外 3 个有中等程度延展，边缘具羽状裂片，内面具白色绒毛，下表面具稀疏黑色腺毛。蔷薇果长圆形或长卵圆形，长 1.5～2cm，黄红或橘红色。花期 5 月中旬，一直持续到 11 月，果期 10～11 月。连续 2 年多观察，性状稳定。'香颂'与近似品种比较的主要不同点如下：

品种	花径	花瓣数	花形	花香
'香颂'	7～9cm	40～45	高心卷边杯形	有
'繁星'	5～7cm	30～50	开展卷边盘状	无

醉碟

（蔷薇属）

联系方式：13577044553　国家：中国

申请日： 2011年10月28日
申请号： 20110116
品种权号： 20130140
授权日： 2013年12月25日
授权公告号： 国家林业局公告
（2013年第16号）
授权公告日： 2013年12月31日
品种权人： 云南云科花卉有限公司、云南省农业科学院花卉研究所
培育人： 李树发、蹇洪英、邱显钦、王其刚、张颢、唐开学

品种特征特性：'醉碟'是以切花月季品种'影星'为母本、'地平线'为父本杂交选育获得。灌木，植株直立，植株皮刺为斜直刺，红褐色，刺大有小密刺；叶互生，大叶卵形、叶脉清晰、深绿色、有光泽，5～7小叶，叶缘具细锯齿、顶端小叶基部圆形，小叶叶尖渐尖，嫩叶、嫩梢红褐色；切枝长度90～110cm，花枝均匀，花粉白底粉红边，单生于茎顶，多心阔瓣杯状形，花瓣内外为粉红及粉白双色，重瓣、花瓣数58～61枚，花瓣圆阔瓣形，花径8～10cm，萼片延伸程度很强；植株生长旺盛，抗病性强，年产量18枝/株；鲜切花瓶插期10～12天。'醉碟'与近似品种比较的主要不同点如下：

品种	花形	花瓣数	花瓣内外双色	茎色	花瓣边缘缺刻
'醉碟'	多心、阔瓣杯状形	58～61	粉红／粉白	褐绿色	有
'双色粉'	单心、卷瓣杯状形	47～52	粉红／杏黄	绿色	无

高原红

（蔷薇属）

联系人：王其刚

联系方式：13577044553　国家：中国

申请日：2011年10月28日

申请号：20110119

品种权号：20130141

授权日：2013年12月25日

授权公告号：国家林业局公告（2013年第16号）

授权公告日：2013年12月31日

品种权人：云南云科花卉有限公司、云南省农业科学院花卉研究所

培育人：张婷、蹇洪英、王其刚、周宁宁、张颢、唐开学

品种特征特性：'高原红'是以'地平线'为母本、'奥赛娜'为父本杂交选育获得。灌木，植株直立。植株皮刺上端斜直刺、下端平直刺，有小密刺，刺红褐色，刺尖为嫩绿色，在茎的中上部近少刺，茎的中下部刺数量中等。叶片大小中等，卵圆形，叶脉清晰、深绿色、有光泽，5小叶，叶缘复锯齿，顶端小叶基部圆形，小叶叶尖渐尖，嫩叶红褐色，嫩枝褐绿色。切枝长度100～120cm，花枝均匀，少量刺毛；花红色，单生于茎顶，高心阔瓣杯状形，花俯视形状为不规则圆形；内外花瓣颜色均匀，花瓣数31～38枚，花瓣圆阔瓣形，外轮花瓣边缘具缺裂，花瓣中心有条纹，花瓣内面基部有浅黄色小色斑，花径9～12cm，萼片延伸程度很强，花丝红色，花淡香；植株生长旺盛，抗病性强，年产量20枝/株；鲜切花瓶插期8～10天。'高原红'与近似品种比较的主要不同点如下：

品种	长刺数量	叶片大小	顶端小叶（叶尖）	花瓣数量	花瓣边缘波状
'高原红'	中等	中等	渐尖	31～38	中等
'夏洛特'	少	较少	锐尖	25～30	强

金秋

（蔷薇属）

联系人：田连通

联系方式： 0871-5693019　国家：中国

申请日：2011年11月10日

申请号：20110124

品种权号：20130142

授权日：2013年12月25日

授权公告号：国家林业局公告
（2013年第16号）

授权公告日：2013年12月31日

品种权人：云南锦苑花卉产业股
份有限公司、石林锦苑康乃馨有
限公司

培育人：倪功、曹荣根、李飞
鹏、杜福顺、田连通、白云评、
乔丽婷、阳明祥

品种特征特性：'金秋'是从品种'橙汁'（Orange Juice）自然突变选育获得。常绿灌木，植株高度中等，具皮刺，刺密度中等，皮刺颜色为褐红色。叶色绿色至亮绿色，叶边缘缺刻宽，顶端小叶数3～7片。花茎长为60～80cm，花蕾为卵形，花色为纯黄色，花形为高心翘角状，完全开放后花朵直径可达12～14cm，花朵高度约7.0～7.5cm，花瓣为阔瓣，花瓣数量为25～40片，属于大花型品种。枝干直立性强，基枝萌发率弱，侧枝生长强壮。'金秋'与近似品种比较的主要不同点如下：

品种	花瓣颜色
'金秋'	纯黄色（花瓣正面主色 RHS 6C，次色 RHS 7A, 花瓣背面主色 RHS 8B）
'橙汁（Orange Juice）'	橙黄色（花瓣正面主色 RHS 14A，次色 RHS 33C, 花瓣背面主色 RHS 14B）
'丘比特'	黄色（花瓣正面黄色 (RHS 12A, 背面黄色 RHS 9B）

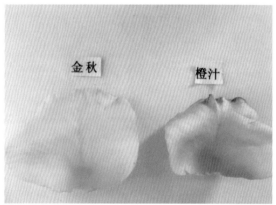

春潮

（蔷薇属）

联系人：李光松

联系方式：010-68003963　国家：中国

申请日：2012年2月10日

申请号：20120015

品种权号：20130143

授权日：2013年12月25日

授权公告号：国家林业局公告
（2013年第16号）

授权公告日：2013年12月31日

品种权人：北京市园林科学研究
所

培育人：巢阳、勇伟

品种特征特性：'春潮'是由母本'假日美景'（Carefree Beauty）、父本'金秀娃'（Golden Shower）杂交选育获得。花色为粉色，边缘浅粉色，为千重瓣品种，花瓣数为85～90枚，花后结实率低，果实小，果径平均为1cm，花朵直径大，花期早。'春潮'与近似品种比较的主要不同点如下：

性状	'春潮'	'假日美景'
花型	千重瓣	半重瓣
花瓣数	85～90枚	20～25枚
结实率	低	高
平均果径	1cm	2.5cm
花期	早1～2周	晚1～2周

东方之珠

（蔷薇属）

联系人：李光松

联系方式：010-68003963　国家：中国

申请日：2012年2月10日

申请号：20120017

品种权号：20130144

授权日：2013年12月25日

授权公告号：国家林业局公告（2013年第16号）

授权公告日：2013年12月31日

品种权人：北京市园林科学研究所

培育人：冯慧、巢阳、丛日晨、王永格

品种特征特性：'东方之珠'是由母本'假日美景'（Carefree Beauty）、父本'光谱'（Spectra）杂交选育获得。花色为橙色，瓣根处黄色，花瓣数为30～45枚，花瓣椭圆形。'东方之珠'与近似品种比较的主要不同点如下：

性状	'东方之珠'	'假日美景'
花色	橙色	粉色
花瓣数	30～45枚	20～25枚
花瓣形状	椭圆形	卵形

坦06464(Tan06464)

（蔷薇属）

联系人：郁书君

联系方式： 010-87734577/13430398811　国家：德国

申请日：2012年6月8日

申请号：20120076

品种权号：20130145

授权日：2013年12月25日

授权公告号：国家林业局公告（2013年第16号）

授权公告日：2013年12月31日

品种权人：德国罗森坦图月季育种公司（Rosen Tantau KG,Germany）

培育人：克里斯汀安·埃维尔斯（Christian Evers）

品种特征特性：'坦06464'（Tan06464）是自有育种材料RT01426为母本、'坦01111'（Tan01111）为父本杂交选育获得。'坦06464'株高矮，冠幅中；幼枝（约20cm处）花青甙显色弱，枝条有刺，显色呈红棕色，短刺数量无到极少、长刺数量少；叶片长度长、宽度长，形状卵圆，首花时叶色中到暗绿、叶表光泽度中，花茎绒毛或刺的数量中；花蕾纵剖面宽卵形，花的类型为重瓣，单头花，花朵直径中，俯视呈星形、侧观上部与下部均呈平凸形，香味无到弱；花瓣伸出度强，长度中到长、宽度宽，花瓣数少到多，单色品种，外花瓣的主要颜色紫红色（RHS N57C），内瓣基部有斑点；花瓣边缘反卷强、瓣缘波状弱，花丝主色为白色至浅黄色。'坦06464'（Tan06464）与近似品种比较的主要不同点如下：

性状	'坦06464'（Tan06464）	'坦03266'（Tan03266）
花朵直径	中到大	大
花色	紫红色（RHS N57C）	粉红色（RHS 75C）

开阳星

（蔷薇属）

联系人：杨玉勇
联系方式：0871-7441128　国家：中国

申请日：2012年6月14日
申请号：20120093
品种权号：20130146
授权日：2013年12月25日
授权公告号：国家林业局公告（2013年第16号）
授权公告日：2013年12月31日
品种权人：昆明杨月季园艺有限责任公司
培育人：张启翔、杨玉勇、蔡能、赖显凤、潘会堂、罗乐、王佳

品种特征特性：'开阳星'是由母本'洛丽塔'（Lolita Lempicka）、父本'芭比'（Baby Romantica）杂交培育获得。直立灌木型，株高80～100cm，枝条粗、硬挺；茎表皮刺中等大小，数量极多、斜直、黄色；叶片革质绿色、中等大小，叶脉清晰，锯齿明显，小叶5枚，顶端小叶窄椭圆形，近花莛处3枚小叶完整；花桃红色，RHS N57C；花满心形；花径6～7cm，花瓣数70～75枚，心形近圆形；花萼边缘延伸弱；无香；雄蕊花丝红色；侧花枝5～7枝，1朵/枝，单朵花花期10～12天。'开阳星'与近似品种比较的主要不同点如下：

性状	'开阳星'	'软香红'
花色	桃红色，RHS N57C	红色，RHS N57A
花瓣数量	70～75枚	45～50枚

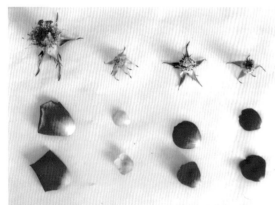

摇光星

（蔷薇属）

联系人：杨玉勇

联系方式：0871-7441128 国家：中国

申请日： 2012年6月14日
申请号： 20120096
品种权号： 20130147
授权日： 2013年12月25日
授权公告号： 国家林业局公告（2013年第16号）
授权公告日： 2013年12月31日
品种权人： 昆明杨月季园艺有限责任公司
培育人： 张启翔、杨玉勇、蔡能、潘会堂、罗乐、王佳、赖显凤

品种特征特性： '摇光星'是由母本'洛丽塔'（Lolita Lempicka）、父本'波塞尼娜'（Porcelina）杂交培育获得。扩张灌木型，株高50cm，枝条中等粗度，硬挺；茎表皮刺中等偏小，数量偏多，弯刺，黄色；叶片革质绿色，中等大小；花表里双色，正面枚红色，RHS N66B，背面白色；花形平瓣盘状；花径7～10cm，花瓣7～14枚，椭圆形；花萼边缘延伸弱；无香；雄蕊花丝黄色；侧花枝4～6枝，1朵／枝，单朵花花期5～8天。'摇光星'与近似品种比较的主要不同点如下：

性状	'摇光星'	'新生冰川'（Regensberg）
花瓣数量	7～14枚	20～25枚
皮刺数量	较多	较少
茎表面颜色	微红	绿色

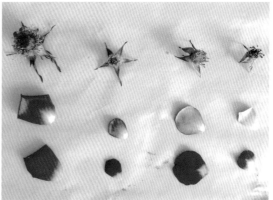

金辉

（蔷薇属）

联系人：王其刚

联系方式：13577044553　国家：中国

申请日：2012年6月25日

申请号：20120098

品种权号：20130148

授权日：2013年12月25日

授权公告号：国家林业局公告（2013年第16号）

授权公告日：2013年12月31日

品种权人：段金辉

培育人：段金辉、王其刚、李树发

品种特征特性：'金辉'是采用芽变选育获得，亲本品种为'口红'。灌木，植株直立；皮刺为斜直刺，黄绿色，在茎上分布较多，有刺毛；嫩枝绿色，嫩叶褐红；叶片具5、7小叶，小叶叶背绿色，叶缘复锯齿，顶端小叶叶尖骤尖，革质、较大，光泽度中等，叶脉清晰；切枝长度80～100cm；花单生于茎顶，花径10～13cm，花色黄底粉边，花瓣圆形、边缘波状，花瓣数44～48枚；萼片延伸强度中等，花梗长度中等而坚韧，有刺毛。生长旺盛，抗病性中等，年产切花12枝/株；瓶插期8～10天。'金辉'与近似品种比较的主要不同点如下：

性状	'金辉'	'口红'
花型	卷瓣大花型	阔瓣中花型
花色	黄底粉边	黄底粉红边
花瓣数	44～48	35～44
刺颜色	黄绿色	红褐色

杰克罗威(Jacrewhi)

（蔷薇属）

联系人：海伦娜·儒尔当
联系方式：0033-494500325　国家：法国

申请日：2007年9月12日
申请号：20070043
品种权号：20130149
授权日：2013年12月25日
授权公告号：国家林业局公告
（2013年第16号）
授权公告日：2013年12月31日
品种权人：法国玫兰国际有限公司（ Meilland International S.A ）
培育人：基思莱瑞（ Keith ZARY ）

品种特征特性：'杰克罗威'（Jacrewhi），母本是'杰克伊夫'（Jacreve），父本是'杰克摩尔'（Jacomail），经人工杂交，播种、选种、扦插繁殖获得。'杰克罗威'（Jacrewhi）为密灌木；植株高度矮到中等；具皮刺，短皮刺数量很少，长皮刺数量少；叶片中等大小、绿色、上表面具中度光泽；开花枝花朵数量多，重瓣花；花瓣数很多；花直径小；花瓣小；花萼伸展小；花瓣边缘折卷中，起伏微。外部雄蕊花丝橙色。花枝长度60~80cm，鲜花年产量中等，为100~120枝 /m²。与近似品种'美派格'（Meipaga）相比较，'杰克罗威'（Jacrewhi）：花红混色系，花瓣内侧中部及边缘颜色为红混色（红，淡蓝粉，及白色三色混杂），其中红色为HCC824/1，淡蓝粉为介于 RHS 62B 及 RHS 62C，白色为 RHS 155A；花瓣外侧中部及边缘颜色为红白混色，红色为 HCC822/2，带红紫焰，白色为 RHS 155C；花朵直径小；花瓣数很多；花瓣小；叶片绿色，上表面具中度光泽；皮刺数量少。'杰克罗威'（Jacrewhi）适宜温室栽培。

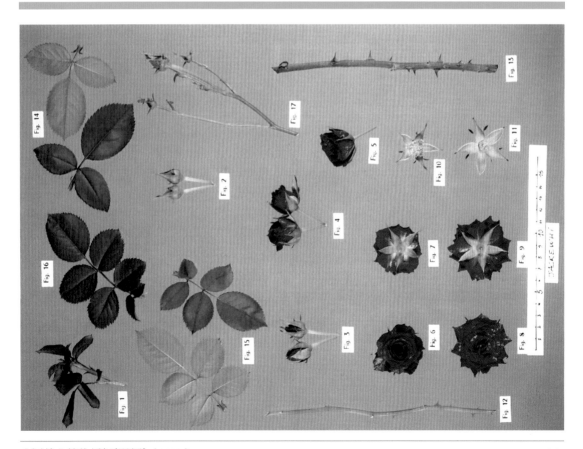

美尼尔维斯(Meinelvis)

（蔷薇属）

联系人：海伦娜·儒尔当
联系方式：0033-494500325　国家：法国

申请日：2007年5月21日
申请号：20070020
品种权号：20130150
授权日：2013年12月25日
授权公告号：国家林业局公告
（2013年第16号）
授权公告日：2013年12月31日
品种权人：法国玫兰国际有限公司（Meilland International S.A）
培育人：阿兰·安东尼·玫兰（Alain Antoine MEILLAND）

品种特征特性：'美尼尔维斯'（Meinelvis）的母本是'伯瑞格德'（Brigold），父本是'美波亚特'（Meibojat），经人工杂交、播种、选种、扦插繁殖获得。'美尼尔维斯'（Meinelvis）植株高度中等；具皮刺，短皮刺数量无或很少，长皮刺数量少；叶片浅至中绿色，小叶片叶缘波状曲线弱至中；开花枝花朵数量少，花苞卵圆形，半重瓣花，花瓣数40，花瓣数少至中等，花朵直径中，俯视花朵为不规则圆形，花萼伸展中，花瓣内侧中部颜色为 RHS 14A，外瓣颜色淡，花瓣内侧边缘颜色 RHS 14B，外瓣带紫红色 RHS 54A，边缘红橙 30A，内侧基部无斑点，花瓣外侧中部颜色 RHS 14A，花瓣外侧边缘颜色介于 RHS 14B 和 RHS 14C 之间，外侧基部无斑点，外部雄蕊花丝橙色；花淡香；花枝长度 70～80cm；鲜花年产量为 160～180 枝/m²。'美尼尔维斯'（Meinelvis）与近似品种'玫月绮'（Meiyolki）相比较，'玫月绮'（Meiyolki）无皮刺，叶片中绿色；开花枝花朵数量中，重瓣花，花瓣内侧中部颜色为 RHS 17B，花瓣内侧边缘颜色介于 RHS 16B 和 RHS 16C 之间，花瓣外侧中部颜色 RHS 14A，花瓣外侧边缘颜色介于 RHS 14B 和 RHS 14C 之间，外瓣颜色浅至 RHS 11D。'美尼尔维斯'（Meinelvis）适宜温室栽培。

美梅尔巴(Meimelba)

（蔷薇属）

联系人：海伦娜·儒尔当

联系方式：0033-494500325　国家：法国

申请日：2007年5月21日

申请号：20070018

品种权号：20130151

授权日：2013年12月25日

授权公告号：国家林业局公告（2013年第16号）

授权公告日：2013年12月31日

品种权人：法国玫兰国际有限公司（Meilland International S.A）

培育人：阿兰·安东尼·玫兰（Alain Antoine MEILLAND）

品种特征特性：'美梅尔巴'（Meimelba）的母本是'美丽伊'（Meilie）×未命名种苗的杂交体，父本是'利纳科尔'（Rinakor），经人工杂交、播种、选种、扦插繁殖获得。'美梅尔巴'（Meimelba）为瘦灌木；植株高度中等；短皮刺数量无或很少，长皮刺数量少；叶片绿色，叶片大小中等，叶片上表面具弱至中光泽；花瓣数少（25～30），花朵直径中至大，花瓣内侧中部颜色为RHS 13B，花瓣内侧边缘颜色RHS 19D，内侧基部无斑点，花瓣外侧中部颜色介于RHS 55A和RHS 55B之间，外瓣带红焰，内瓣橙黄色，花瓣外侧边缘颜色RHS 29D，带紫焰RHS 55C，外侧基部无斑点，花瓣边缘强折卷，起伏弱；外部雄蕊花丝橙色；花枝长度70～80cm；鲜花年产量中等，为150～170枝/m²。'美梅尔巴'（Meimelba）与近似品种'美瑰朵'（Meiguido）比较，'美瑰朵'（Meiguido）花瓣内侧中部颜色接近RHS 18D 19D；花瓣内侧边缘颜色接近RHS 41C 41D及43D；内侧基部具大斑点，斑点颜色接近RHS 8D、RHS 11D、RHS 8A、RHS 8B；短皮刺数量少；花瓣边缘弱至中度折卷；外部雄蕊花丝黄色。'美梅尔巴'（Meimelba）适宜温室栽培。

美尼克桑德(Meinixode)

（蔷薇属）

联系人：海伦娜·儒尔当
联系方式：0033-494500325　国家：法国

申请日：2006年9月7日

申请号：20060042

品种权号：20130152

授权日：2013年12月25日

授权公告号：国家林业局公告
（2013年第16号）

授权公告日：2013年12月31日

品种权人：法国玫兰国际有限公
司（Meilland International S.A）

培育人：阿兰·安东尼·玫兰
（Alain Antoine MEILLAND）

品种特征特性：'美尼克桑德'的母本为'凯奏波'（Keizoubo）×'美佳颂'（Meijason），父本为'潘诺丽帕'（Panollipa）。为窄灌木，植株中等高度，嫩枝花青素着色浅至中等，呈青铜色至红褐色，具皮刺，皮刺下部形状凹至深凹，短皮刺少许，长皮刺数量中；叶色中等，叶片上表面具中至强光泽，小叶片横切面平，小叶片叶缘波状曲线弱到中，顶端小叶基部圆形；花梗上毛或皮刺量中等；花苞卵圆形；花重瓣，花瓣数中，花朵直径中，俯视花朵为星形，花香淡；花萼伸展很大，似叶片；花瓣大小中等，黄橙色系，花瓣内侧中部颜色RHS 13B，内侧边缘颜色 RHS 13B，外侧边缘颜色变浅至 14D，并介于 RHS 14C 和 RHS 14D 之间；花瓣外侧中部颜色介于 RHS 14C 和 RHS 14D 之间，带红焰；花瓣边缘折卷强，起伏弱。外部雄蕊花丝橙色。与近似品种'美斯得菲'比较，'美尼克桑德'花瓣内侧中部颜色偏亮黄，边缘的颜色偏黄绿色，花瓣外侧中部颜色介于 RHS 14C 和 RHS 14D 之间，带红焰，内侧外侧基部无斑点，花径中，叶色亮绿。'美尼克桑德'短皮刺数量少，长皮刺数量中等，'美斯得菲'短皮刺数量很少，长皮刺数量中等至多。'美尼克桑德'适宜在温室条件下栽培生产。

美安吉尔(Meiangele)

（蔷薇属）

联系人：海伦娜·儒尔当
联系方式：0033-494500325　国家：法国

申请日：2009年5月4日
申请号：20090018
品种权号：20130153
授权日：2013年12月25日
授权公告号：国家林业局公告
（2013年第16号）
授权公告日：2013年12月31日
品种权人：法国玫兰国际有限公司（Meilland International S.A）
培育人：阿兰·安东尼·玫兰
（Alain Antoine MEILLAND）

品种特征特性：'美安吉尔'（Meiangele）的母本是'科马克斯'（Kormax），父本是'美德吉'（Meideuji）×'美多摩纳克'(Meidomonac)，经人工杂交，播种，选种，扦插繁殖获得。'美安吉尔'（Meiangele）嫩枝花青素着色浅；呈褐色至红褐色；具皮刺，皮刺下部形状凹；叶片大小中等，绿色，上表面具中至强度光泽；小叶片横切面凸，小叶片叶缘波状曲线弱，顶端小叶基部心形；开花枝花朵数量很少，花梗上毛或皮刺量少至中；花苞阔卵形；重瓣花，花瓣数多花径中至大，花瓣大小中至大，俯视花朵为圆形；花萼伸展小至中；花紫红色，花瓣内侧中部颜色为 RHS N066A，花瓣外侧中部颜色颜色 RHS 0061C，花瓣内侧基部具 RHS 0155C 白色小斑点，花瓣外侧基部具 RHS 0155C 白色小斑点；花瓣边缘折卷中，起伏强；外部雄蕊花丝白色；初花时间中；几乎持续开花；花瓣脱落时种夹大小中；蔷薇果纵切面形状漏斗形；花淡香。'美安吉尔'（Meiangele）与近似品种'美丽榭尔'（Meilyxir）相比较，在花色、外部雄蕊花丝颜色及叶上表面光泽强度大小等方面显著不同：'美安吉尔'（Meiangele）花紫红色，花瓣内侧中部颜色为 RHS N066A，外部雄蕊花丝颜色为白色，叶上表面具中至强光泽；近似品种'美丽榭尔'（Meilyxir）花红色，花瓣内侧中部颜色介于 RHS 0045B 与 RHS 0046B 之间，外部雄蕊花丝颜色为粉色，叶上表面具光泽弱。'美安吉尔'（Meiangele）适宜在温室条件下栽培生产。

美拉巴桑(Meilabasun)

（蔷薇属）

联系人：海伦娜·儒尔当

联系方式： 0033-494500325　国家：法国

申请日：2007年5月21日

申请号：20070021

品种权号：20130154

授权日：2013年12月25日

授权公告号：国家林业局公告
（2013年第16号）

授权公告日：2013年12月31日

品种权人：法国玫兰国际有限公
司（Meilland International S.A）

培育人：阿兰·安东尼·玫兰
（Alain Antoine MEILLAND）

品种特征特性： '美拉巴桑'（Meilabasun）是'美郎布拉'（Meilambra）的突变体，经扦插嫁接等繁育获得。'美拉巴桑'（Meilabasun）为密灌木；半重瓣花，花径大小中等，花色属黄混色系，带粉红色；抗病害能力较好。'美拉巴桑'（Meilabasun）与近似品种'美郎布拉'（Meilambra）相比较，'美郎布拉'（Meilambra）花紫红色系。'美拉巴桑'（Meilabasun）适宜温室栽培。

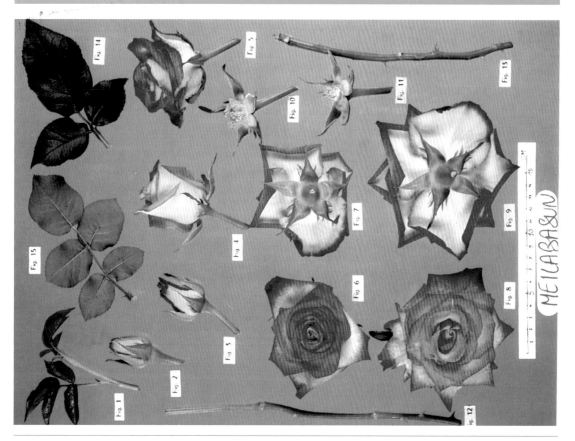

美卡塔娜(Meikatana)

（蔷薇属）

联系人：海伦娜·儒尔当

联系方式：0033-494500325　国家：法国

申请日：2008年3月31日

申请号：20080017

品种权号：20130155

授权日：2013年12月25日

授权公告号：国家林业局公告（2013年第16号）

授权公告日：2013年12月31日

品种权人：法国玫兰国际有限公司（Meilland International S.A）

培育人：阿兰·安东尼·玫兰（Alain Antoine MEILLAND）

品种特征特性：‘美卡塔娜’（Meikatana），母本是‘美蓓卡’（Meibeka）×‘美格曼’（Meigormon），父本是‘坦卡吉克’（Tankalgic），经人工杂交、播种、选种、扦插繁殖获得。‘美卡塔娜’（Meikatana）为重瓣花；花红色；花瓣内侧颜色近于 RHS 46A；花瓣外侧颜色近于 RHS 53A；花径大；具皮刺，皮刺数量中等。花枝长度 80～90cm，鲜花年产量中等，为 140～170 枝 /m²。与近似品种‘玫卡丽’（Meiqualis）相比较，‘美卡塔娜’（Meikatana）：花红色；花瓣内侧颜色近于 RHS 46A；花瓣外侧颜色近于 RHS 53A；皮刺数量中等。‘美卡塔娜’（Meikatana）适宜温室栽培。

美思泰(Meishitai)

（蔷薇属）

联系人：海伦娜·儒尔当
联系方式：0033-494500325 国家：法国

申请日：2009年10月19日
申请号：20090043
品种权号：20130156
授权日：2013年12月25日
授权公告号：国家林业局公告
（2013年第16号）
授权公告日：2013年12月31日
品种权人：法国玫兰国际有限公司（Meilland International S.A）
培育人：阿兰·安东尼·玫兰
（Alain Antoine MEILLAND）

品种特征特性：'美思泰'（Meishitai）的母本是'科隆珠'（Kronjwuel），父本是'拉德拉兹'（Radrazz）。为灌木，植株高度中至高；具皮刺，皮刺数量多；叶上表面具光泽；顶端小叶整体呈卵圆形，叶基形状为圆形；叶前端锐尖；开花枝花朵数量少；单朵花的花瓣数量通常为4～6，单瓣花；花红色，花瓣内侧中部颜色接近RHS 46B，花瓣外侧中部颜色颜色接近RHS 46C；花径中；花从上部看呈不规则圆形；几乎无香；花瓣中等大小；花瓣基部及顶部均呈圆形；花蕾呈圆锥形；萼片平均长度约为2.5cm，平均宽度约为0.6cm；托叶狭长状，长度约为1.2cm，宽度约为0.4cm；花药接近橙黄色，花丝接近红，柱头接近黄色；几乎持续开花。与近似品种'拉德拉兹'（Radrazz）比较的不同点为：'美思泰'（Meishitai）花红色，花瓣内侧中部颜色接近RHS 46B，花瓣外侧中部颜色颜色接近RHS 46C，单瓣花；近似品种'拉德拉兹'（Radrazz）花红粉色，花瓣内侧中部颜色接近HCC 724，花瓣外侧中部颜色颜色接近RHS 57C 57D，半重瓣。'美思泰'（Meishitai）适宜在华北、华东、西北、西南及华中地区露地种植。

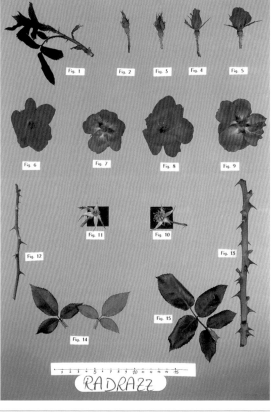

美郎布拉(Meilambra)

（蔷薇属）

联系人：海伦娜·儒尔当
联系方式：0033-494500325　国家：法国

申请日：2006年9月7日
申请号：20060041
品种权号：20130157
授权日：2013年12月25日
授权公告号：国家林业局公告
（2013年第16号）
授权公告日：2013年12月31日
品种权人：法国玫兰国际有限公司（Meilland International S.A）
培育人：阿兰·安东尼·玫兰
（Alain Antoine MEILLAND）

品种特征特性：'美郎布拉'的母本为'科尔番'（Korfan），父本为'玫康馥'（Meicofum）。为窄灌木，植株高度矮到中等，嫩枝花青素着色中等偏深，呈红褐色，具皮刺，皮刺下部形状凹，短皮刺数量中等偏多，长皮刺数量很多色中等，叶片上表面具中至强光泽，小叶片横切面平稍凹，小叶片叶缘波状曲线弱到中，顶端小叶基部心形；花梗上毛或皮刺量很少；花苞卵圆形；花半重瓣，花瓣数少，花朵直径中，俯视花朵为圆形，花香很淡；花萼伸展弱；花紫红色系，花瓣内侧边缘颜色介于 RHS 53D 和 RHS N57A 之间，为更加热烈的红色，内侧基部具斑点，斑点大，颜色为 RHS 12A，在基部颜色稍深，近于 RHS 12B 外侧边缘颜色介于 N57A 和 N57B 之间；花瓣外侧中部颜色介于 RHS 155A 和 RHS 4B～4C 之间，下部偏黄，上部偏白；花瓣边缘微折卷，起伏弱。外部雄蕊花丝黄色。与近似品种'玫纽夫'比较，'美郎布拉'花瓣内侧中部和边缘的颜色红色更浓，花朵中间部位颜色稍淡，'玫纽夫'花瓣内侧和边缘的颜色介于 HCC 721 和 HCC 721/1 之间，中间的花瓣较红，颜色浓，外围花瓣颜色渐淡至 HCC 721/3；'美郎布拉'花瓣外侧颜色下部偏黄，上部偏白，'玫纽夫'花瓣外侧颜色偏黄。'美郎布拉'的长皮刺多，'玫纽夫'的长皮刺少到中。'美郎布拉'适宜在温室条件下栽培生产。

幸运阳光(Sunluck)

（蔷薇属）

联系人：李光松
联系方式：0064-94164316　国家：新西兰

申请日： 2001年11月15日

申请号： 20010009

品种权号： 20130158

授权日： 2013年12月25日

授权公告号： 国家林业局公告（2013年第16号）

授权公告日： 2013年12月31日

品种权人： 新西兰弗兰克月季育种公司（Franko Roses New Zealand Ltd）

培育人： 弗兰克·斯谷曼（Frank Schuurman）

品种特征特性：'幸运阳光'来源于 *R. kordaba*(Lambada) × *R. korbacol*(Texas)，主要方法是人工授粉。该品种株型紧凑，冠幅中等。嫩枝花青素苷着色度中等，棕至棕红色；枝具刺，刺下部凹陷；叶大小中等，浅绿色，上面无光或极弱。顶端小叶大小中等，叶缘不卷曲或极弱起伏，叶基钝形；花蕾剖面卵形；花梗刺稀少；花大小中等，重瓣，上部圆形，基部外凸；花瓣排列紧凑，不香或具极弱香味；花瓣大小中等，花瓣外面中及上部橙黄色，花瓣内外基部均无斑点；花瓣边缘翻卷；雄蕊花丝黄色；果实瓶状；连续开花。与对照月季品种相比，该品种嫩枝着色深浅度为中等，平均刺长9.35mm，叶色浅，顶部小叶平均长度73mm，顶部小叶平均宽度48mm，花朵直径72.1mm，花朵上部剖面圆形，花香无或极弱，花瓣大；'鸡尾酒'嫩枝着色深，平均刺长9.0mm，叶色深，顶部小叶平均长度56.5mm，顶部小叶平均宽度40.0mm，花朵直径120.0mm，花朵上部剖面扁凸形，花香味强，花瓣很大。适宜于保护地进行设施栽培，供生产鲜切花之用。

附　表

序号	品种权号	品种名称	所属属（种）	品种权人	培育人	申请号	申请日	授权日
1	20130001	中成1号	杨属	中国林业科学研究院林业研究所	胡建军、卢孟柱、韩一凡、赵自成、李玲、李淑梅、赵树堂、周玉荣、周在成	20120007	2012-1-12	2013-6-28
2	20130002	中成2号	杨属	中国林业科学研究院林业研究所	胡建军、卢孟柱、赵自成、徐刚标、苏雪辉、周玉荣、屈菊平、周在举	20120008	2012-1-12	2013-6-28
3	20130003	中成3号	杨属	中国林业科学研究院林业研究所	胡建军、赵自成、卢孟柱、赵树堂、李振刚、周玉荣、周在成、朱学存	20120009	2012-1-12	2013-6-28
4	20130004	中成4号	杨属	中国林业科学研究院林业研究所	胡建军、卢孟柱、赵树堂、赵自成、苏雪辉、屈菊平、周玉荣、周在举、朱学存	20120010	2012-1-12	2013-6-28
5	20130005	中豫1号	杨属	中国林业科学研究院林业研究所	胡建军、赵自成、苏雪辉、李喜林、屈菊平、赵忠诚、许小芬、刘志刚、王军军、张智勇、张晓强、于自力	20120011	2012-1-12	2013-6-28
6	20130006	中豫2号	杨属	河南省绿士达林业新技术研究所、中国林业科学研究院林业研究所	赵自成、胡建军、陈昌民、苏雪辉、李喜林、屈菊平、赵忠诚、许小芬、张智勇、熊志国、刘志刚、王军军、张晓强、于自力	20120012	2012-1-12	2013-6-28
7	20130007	皇袍	鹅掌楸属	上海市园林科学研究所	张国兵、罗玉兰、崔心红、黄军华、张爱明、张春英、陈淑云	20120026	2012-3-5	2013-6-28
8	20130008	黄金栾	栾树属	王胜连	王胜连	20120049	2012-4-13	2013-6-28
9	20130009	张家湾1号	卫矛属	北京华源发苗木花卉交易市场有限公司	李凤云、李永利、姚砚武、朱云锋	20120050	2012-4-16	2013-6-28
10	20130010	中林含笑	含笑属	中南林业科技大学	曹基武、刘春林、张江	20120061	2012-5-9	2013-6-28
11	20130011	森禾美人鹃	杜鹃花属	浙江森禾种业股份有限公司	方永根	20120070	2012-5-28	2013-6-28
12	20130012	森禾锦满枝	杜鹃花属	浙江森禾种业股份有限公司	方永根	20120071	2012-5-28	2013-6-28
13	20130013	丹霞醉日	木瓜属	上海植物园	奉树成、费建国、张亚利、莫健彬	20120072	2012-5-31	2013-6-28
14	20130014	娇容三变	木瓜属	上海植物园	奉树成、费建国、张亚利、莫健彬	20120073	2012-5-31	2013-6-28
15	20130015	垂枝粉玉	山茶属	上海植物园	费建国、奉树成、张亚利、莫健彬	20120074	2012-5-31	2013-6-28
16	20130016	嫣舞江南	木瓜属	上海植物园	奉树成、费建国、张亚利、莫健彬	20120075	2012-5-31	2013-6-28
17	20130017	渤海柳1号	柳属	滨州市一逸林业有限公司、山东省林业科学研究院	焦传礼、刘德玺、宫敬东、刘桂民、姚树景	20120077	2012-6-11	2013-6-28
18	20130018	武林木兰	木兰属	中南林业科技大学	曹基武、刘春林、吴毅	20120099	2012-6-28	2013-6-28
19	20130019	丰丽1号	杜鹃花属	金华市永根杜鹃花培育有限公司	方永根	20120111	2012-7-7	2013-6-28

序号	品种权号	品种名称	所属属（种）	品种权人	培育人	申请号	申请日	授权日
20	20130020	丰丽2号	杜鹃花属	金华市永根杜鹃花培育有限公司	方永根	20120112	2012-7-7	2013-6-28
21	20130021	锦华1号	杜鹃花属	金华市永根杜鹃花培育有限公司	方永根	20120113	2012-7-7	2013-6-28
22	20130022	卧龙1号	杜鹃花属	金华市永根杜鹃花培育有限公司	方永根	20120114	2012-7-7	2013-6-28
23	20130023	大吉祥	杜鹃花属	金华市永根杜鹃花培育有限公司	方永根、陈念舟	20120115	2012-7-7	2013-6-28
24	20130024	常春3号	杜鹃花属	金华市永根杜鹃花培育有限公司	方永根	20120116	2012-7-7	2013-6-28
25	20130025	盛春5号	杜鹃花属	金华市永根杜鹃花培育有限公司	方永根	20120117	2012-7-7	2013-6-28
26	20130026	盛春6号	杜鹃花属	金华市永根杜鹃花培育有限公司	方永根	20120118	2012-7-7	2013-6-28
27	20130027	朝阳1号	杜鹃花属	金华市永根杜鹃花培育有限公司	方永根	20120119	2012-7-7	2013-6-28
28	20130028	朝阳2号	杜鹃花属	金华市永根杜鹃花培育有限公司	方永根	20120120	2012-7-7	2013-6-28
29	20130029	朝阳3号	杜鹃花属	金华市永根杜鹃花培育有限公司	方永根	20120121	2012-7-7	2013-6-28
30	20130030	朝阳4号	杜鹃花属	金华市永根杜鹃花培育有限公司	方永根	20120122	2012-7-7	2013-6-28
31	20130031	朝阳5号	杜鹃花属	金华市永根杜鹃花培育有限公司	方永根	20120123	2012-7-7	2013-6-28
32	20130032	晋栾1号	栾树属	襄垣县国栋园林花木种植专业合作社	王国栋、秦洋洋、安新民、郝朝辉	20120124	2012-7-9	2013-6-28
33	20130033	金陵黄枫	槭属	江苏省农业科学院	李倩中、李淑顺、荣立苹、唐玲	20120129	2012-7-27	2013-6-28
34	20130034	常春4号	杜鹃花属	金华市永根杜鹃花培育有限公司	方永根	20120130	2012-8-3	2013-6-28
35	20130035	红宝石寿星桃	桃花	王华明	王华明、邵明丽、孟献旗、袁向阳	20120131	2012-8-17	2013-6-28
36	20130036	黄金刺槐	刺槐属	王华明	王华明、邵明丽、孟献旗、袁向阳	20120132	2012-8-17	2013-6-28
37	20130037	双蝶舞	杜鹃花属	大理苍山植物园生物科技有限公司、云南特色木本花卉工程技术研究中心	李奋勇、张长芹、刘国强、钱晓江、张馨	20120134	2012-8-17	2013-6-28
38	20130038	御金香	山茶属	宁波黄金韵茶业科技有限公司、余姚市瀑布仙茗绿化有限公司、宁波市白化茶叶专业合作社	王开荣、韩震、梁月荣、张龙杰、李明、邓隆、王盛彬	20120139	2012-8-27	2013-6-28
39	20130039	黄金斑	山茶属	宁波黄金韵茶业科技有限公司、余姚市瀑布仙茗绿化有限公司、宁波市白化茶叶专业合作社	韩震、王开荣、李明、王建军、邓隆、张龙杰、梁月荣、王盛彬	20120140	2012-8-27	2013-6-28
40	20130040	金玉缘	山茶属	宁波黄金韵茶业科技有限公司、宁波市白化茶叶专业合作社	王开荣、张龙杰、王荣芬、张完林、王盛彬、吴颖	20120141	2012-8-27	2013-6-28
41	20130041	如意	杜鹃花属	金华市永根杜鹃花培育有限公司	方永根、陈念舟	20120144	2012-9-15	2013-6-28
42	20130042	阳光男孩	榆属	黄印朋	黄印冉、张均营、闫淑芳、黄晓旭、黄铃彤、黄印朋	20120149	2012-10-18	2013-6-28

序号	品种权号	品种名称	所属属（种）	品种权人	培育人	申请号	申请日	授权日
43	20130043	阳光女孩	榆属	河北省林业科学研究院	黄印冉、张均营、刘俊、闫淑芳、贾宗锴、徐振华	20120150	2012-10-18	2013-6-28
44	20130044	亮叶桔红	杜鹃花属	沃科军	方永根	20120175	2012-11-17	2013-6-28
45	20130045	观音	榆属	王建国	王建国	20110138	2011-11-23	2013-6-28
46	20130046	红荷一品红	大戟属	东莞市农业种子研究所	黄子锋、周厚高、王凤兰、王燕君、赖永超、卢美峰	20110094	2011-8-18	2013-6-28
47	20130047	花轿	蔷薇属	云南省农业科学院花卉研究所	蹇洪英、王其刚、邱显钦、张婷、张颢、晏慧君、王继华、唐开学	20100083	2010-11-25	2013-6-28
48	20130048	粉荷	蔷薇属	中国农业大学	俞红强	20110051	2011-7-18	2013-6-28
49	20130049	碧玉	蔷薇属	昆明杨月季园艺有限责任公司	杨玉勇、蔡能、李俊、赖显凤	20110087	2011-8-15	2013-6-28
50	20130050	彩玉	蔷薇属	昆明杨月季园艺有限责任公司	杨玉勇、蔡能、李俊、赖显凤	20110088	2011-8-15	2013-6-28
51	20130051	月光石	蔷薇属	昆明杨月季园艺有限责任公司	杨玉勇、蔡能、李俊、赖显凤	20110089	2011-8-15	2013-6-28
52	20130052	石榴石	蔷薇属	昆明杨月季园艺有限责任公司	杨玉勇、蔡能、李俊、赖显凤	20110091	2011-8-15	2013-6-28
53	20130053	粉妆阁	蔷薇属	云南丽都花卉发展有限公司、云南省农业科学院花卉研究所	王其刚、蹇洪英、朱应雄、邱显钦、张颢、唐开学、王继华、解定福、骆礼宾	20100080	2010-11-25	2013-6-28
54	20130054	红丝带	蔷薇属	云南丽都花卉发展有限公司、云南省农业科学院花卉研究所	王其刚、蹇洪英、张颢、朱应雄、晏慧君、张婷、唐开学、孙纲、刘亚萍	20100082	2010-11-25	2013-6-28
55	20130055	尼尔普坦（Nirptan）	蔷薇属	里维埃拉卢克斯公司（LUX RIVIERA S.R.L.）	阿勒萨德·吉尔纳（Alessandro Ghione）	20110019	2011-3-10	2013-6-28
56	20130056	瑞克格1636a（Ruicg1636a）	蔷薇属	迪瑞特知识产权公司（De Ruiter Intellectual Property B.V.）	汉克·德·格罗特（H.C.A.de Groot）	20110024	2011-3-29	2013-6-28
57	20130057	热舞	蔷薇属	中国农业大学	俞红强	20110054	2011-7-18	2013-6-28
58	20130058	雨花石	蔷薇属	昆明杨月季园艺有限责任公司	杨玉勇、蔡能、李俊、赖显凤	20110090	2011-8-15	2013-6-28
59	20130059	醉红颜	蔷薇属	中国农业大学	刘青林、游捷、俞红强	20120080	2012-6-12	2013-6-28
60	20130060	美人香	蔷薇属	中国农业大学	刘青林、游捷、俞红强	20120081	2012-6-12	2013-6-28
61	20130061	莱克赛蕾（Lexaelat）	蔷薇属	莱克斯月季公司（Lex+B.V.）	亚历山大·尤瑟夫·福伦（Alexander Jozef Voorn）	20080011	2008-2-20	2013-6-28
62	20130062	莱克思诺（Lexgnok）	蔷薇属	莱克斯月季公司（Lex+B.V.）	亚历山大·尤瑟夫·福伦（Alexander Jozef Voorn）	20060051	2006-12-13	2013-6-28
63	20130063	莱克思蒂（Lexteews）	蔷薇属	莱克斯月季公司（Lex+B.V.）	亚历山大·尤瑟夫·福伦（Alexander Jozef Voorn）	20080009	2008-2-20	2013-6-28
64	20130064	莱克思柯（Lexhcaep）	蔷薇属	莱克斯月季公司（Lex+B.V.）	亚历山大·尤瑟夫·福伦（Alexander Jozef Voorn）	20080010	2008-2-20	2013-6-28

序号	品种权号	品种名称	所属属（种）	品种权人	培育人	申请号	申请日	授权日
65	20130065	勒克桑尼 (Lexani)	蔷薇属	莱克斯月季公司 (Lex+B.V.)	亚历山大·尤瑟夫·福伦 (Alexander Jozef Voorn)	20060007	2006-1-10	2013-6-28
66	20130066	奎因思达 (Queen Star)	紫金牛属	D.L. 范登博思 (D.L. van den Bos)	狄克·范登博思 (Dick van den Bos)	20090017	2009-4-8	2013-6-28
67	20130067	西吕亚洛 (Schiallo)	蔷薇属	荷兰彼得·西吕厄斯控股公司 (Piet Schreurs Holding B.V.)	P.N.J. 西吕厄斯 (Petrus Nicolaas Johannes Schreurs)	20090016	2009-4-8	2013-6-28
68	20130068	可丽斯汀·倍丽 (Christine Belli)	杜鹃花属	园艺育种有限公司 (Hortibreed N.V.)	约翰·范得海根 (Johan Vanderhaegen)	20070053	2007-11-19	2013-6-28
69	20130069	可丽斯汀·西埃那 (Christine Siena)	杜鹃花属	园艺育种有限公司 (Hortibreed N.V.)	约翰·范得海根 (Johan Vanderhaegen)	20070052	2007-11-19	2013-6-28
70	20130070	霍特 02 (Hort02)	杜鹃花属	园艺育种有限公司 (Hortibreed N.V.)	约翰·范得海根 (Johan Vanderhaegen)	20110113	2011-10-31	2013-6-28
71	20130071	坦 02522 (Tan02522)	蔷薇属	罗森坦图玛蒂亚斯坦图纳切夫公司 (Rosen Tantau, Mathias Tantau Nachf)	克里斯蒂安·埃维尔斯 (Christian Evers)	20060038	2006-7-18	2013-6-28
72	20130072	坦 02066 (Tan02066)	蔷薇属	罗森坦图玛蒂亚斯坦图纳切夫公司 (Rosen Tantau, Mathias Tantau Nachf)	克里斯蒂安·埃维尔斯 (Christian Evers)	20060039	2006-7-18	2013-6-28
73	20130073	坦 03315 (Tan03315)	蔷薇属	罗森坦图玛蒂亚斯坦图纳切夫公司 (Rosen Tantau, Mathias Tantau Nachf)	克里斯蒂安·埃维尔斯 (Christian Evers)	20080003	2008-1-28	2013-6-28
74	20130074	坦 03266 (Tan03266)	蔷薇属	罗森坦图玛蒂亚斯坦图纳切夫公司 (Rosen Tantau, Mathias Tantau Nachf)	克里斯蒂安·埃维尔斯 (Christian Evers)	20080004	2008-1-28	2013-6-28
75	20130075	萨瓦丽森 (Suapriseven)	杏	太阳世界国际有限公司 (Sun World International, LLC)	卡洛斯费尔 (Carlos D.Fear)、布鲁斯摩瑞 (Bruce D.Mowrey)、大卫盖因 (David W.Cain)	20050033	2005-5-17	2013-6-28
76	20130076	萨瓦丽南 (Suaprinine)	杏	太阳世界国际有限公司 (Sun World International, LLC)	大卫·凯恩 (David W. Cain)、特里·培根 (Terry A. Bacon)、布鲁斯·莫尔利 (Bruce D. Mowrey)	20120019	2012-2-17	2013-6-28
77	20130077	英特亚瑟 (Interyassor)	蔷薇属	英特普兰特公司 (Interplant B.V.)	范·多伊萨姆 (ir. A.J.H. van Doesum)	20060045	2006-9-26	2013-6-28
78	20130078	英特维夫 (Interwifoos)	蔷薇属	英特普兰特公司 (Interplant B.V.)	范·多伊萨姆 (ir. A.J.H. van Doesum)	20060044	2006-9-26	2013-6-28
79	20130079	瑞丽 16101(Ruia16101)	蔷薇属	迪鲁特知识产权公司 (De Ruiter Intellectual Property B.V.)	R.J.C. 开思特拉 (Reinder Johan Christiaan Kielstra)	20070039	2007-9-6	2013-6-28
80	20130080	瑞艺 5451(Ruiy5451)	蔷薇属	迪鲁特知识产权公司 (De Ruiter Intellectual Property B.V.)	R.J.C. 开思特拉 (Reinder Johan Christiaan Kielstra)	20070040	2007-9-6	2013-6-28

序号	品种权号	品种名称	所属属（种）	品种权人	培育人	申请号	申请日	授权日
81	20130081	奥斯詹姆士（Ausjameson）	蔷薇属	英国大卫奥斯汀月季公司（David Austin Roses Ltd.）	大卫·奥斯汀（David J.C.Austin）	20080015	2008-3-31	2013-6-28
82	20130082	奥斯纽蒂斯（Ausnotice）	蔷薇属	英国大卫奥斯汀月季公司（David Austin Roses Ltd.）	大卫·奥斯汀（David J.C.Austin）	20080016	2008-3-31	2013-6-28
83	20130083	奥斯特（Austew）	蔷薇属	英国大卫奥斯汀月季公司（David Austin Roses Ltd.）	大卫·奥斯汀（David J.C.Austin）	20080025	2008-6-4	2013-6-28
84	20130084	奥斯曼（Ausimmon）	蔷薇属	英国大卫奥斯汀月季公司（David Austin Roses Ltd.）	大卫·奥斯汀（David J.C.Austin）	20080026	2008-6-4	2013-6-28
85	20130085	尾边桉 TH06001	桉属	中国林业科学研究院热带林业研究所	徐建民、李光友、陆钊华、王伟、王尚明、唐红英、卢国桓、赵汝玉、黄宏健、谭沛涛、柳达、胡杨、吴世军、李宝琦、陈儒香、韩超、杨乐明	20120067	2012-5-29	2013-12-25
86	20130086	尾柳桉 TH06002	桉属	中国林业科学研究院热带林业研究所	徐建民、李光友、陆钊华、王伟、王尚明、唐红英、卢国桓、赵汝玉、黄宏健、谭沛涛、柳达、胡杨、吴世军、李宝琦、陈儒香、韩超、杨乐明	20120068	2012-5-29	2013-12-25
87	20130087	尾邓桉 TH06008	桉属	中国林业科学研究院热带林业研究所	徐建民、陆钊华、李光友、王伟、工尚明、唐红英、卢国桓、赵汝玉、黄宏健、谭沛涛、柳达、胡杨、吴世军、李宝琦、陈儒香、韩超、杨乐明	20120069	2012-5-29	2013-12-25
88	20130088	渤海柳 2 号	柳属	滨州市一逸林业有限公司、山东省林业科学研究院	焦传礼、刘德玺、刘国兴、王振猛、刘桂民、吴全宇、王莉莉、姚树景、杨欢、白云祥	20120078	2012-6-11	2013-12-25
89	20130089	渤海柳 3 号	柳属	滨州市一逸林业有限公司、山东省林业科学研究院	焦传礼、吴德军、刘德玺、秦光华、姚树景、杨庆山、李永涛、杨欢、白云祥	20120079	2012-6-11	2013-12-25
90	20130090	辰光	枣	河北农业大学	刘孟军、刘平、蒋洪恩、代丽、吴改娥、刘治国	20120063	2012-5-18	2013-12-25
91	20130091	泡桐 1201	泡桐属	河南农业大学	茹广欣、李荣幸	20120013	2012-1-13	2013-12-25
92	20130092	泡桐兰白 75	泡桐属	河南农业大学	茹广欣、李荣幸	20120014	2012-1-13	2013-12-25
93	20130093	黑青杨	杨属	黑龙江省森林与环境科学研究院	王福森、李晶、李树森、孙长刚、赵鹏舟、朱弘、赵玉库、张大伟、安静	20120142	2012-9-12	2013-12-25
94	20130094	青竹柳	柳属	黑龙江省森林与环境科学研究院	王福森、李晶、李树森、韩家永、李险峰、张树宽、孙淑清、杨金龙、张福平	20120143	2012-9-12	2013-12-25
95	20130095	白四泡桐 1 号	泡桐属	河南农业大学	范国强、王安亭、尚忠海、赵振利、翟晓巧、曹艳春	20120152	2012-10-30	2013-12-25

序号	品种权号	品种名称	所属属（种）	品种权人	培育人	申请号	申请日	授权日
96	20130096	毛四泡桐1号	泡桐属	河南农业大学	范国强、尚忠海、翟晓巧、赵振利、张晓申、李玉峰	20120153	2012-10-30	2013-12-25
97	20130097	兰四泡桐1号	泡桐属	河南农业大学	范国强、翟晓巧、王安亭、尚忠海、邓敏捷、刘辉	20120154	2012-10-30	2013-12-25
98	20130098	南四泡桐1号	泡桐属	河南农业大学	范国强、尚忠海、翟晓巧、赵振利、张晓申、李玉峰	20120155	2012-10-30	2013-12-25
99	20130099	杂四泡桐1号	泡桐属	河南农业大学	范国强、赵振利、翟晓巧、尚忠海、张晓申、李玉峰	20120156	2012-10-30	2013-12-25
100	20130100	平安槐	槐属	王学坤	王学坤、董春耀	20120062	2012-5-13	2013-12-25
101	20130101	夏日粉裙	山茶属	棕榈园林股份有限公司	黄万坚、殷广湖、邓碧芳	20120160	2012-11-13	2013-12-25
102	20130102	夏日粉黛	山茶属	棕榈园林股份有限公司	赵珊珊、黎艳玲、叶琦君、周明顺	20120162	2012-11-13	2013-12-25
103	20130103	夏日七心	山茶属	棕榈园林股份有限公司	钟乃盛、冯桂梅、刘玉玲、严丹锋	20120163	2012-11-13	2013-12-25
104	20130104	夏日光辉	山茶属	棕榈园林股份有限公司	赵强民、谌光晖、黄万坚	20120165	2012-11-13	2013-12-25
105	20130105	夏咏国色	山茶属	棕榈园林股份有限公司	高继银、黄万坚、刘信凯、黄万建	20120166	2012-11-13	2013-12-25
106	20130106	夏日广场	山茶属	棕榈园林股份有限公司	赖国传、刘玉玲	20120167	2012-11-13	2013-12-25
107	20130107	夏梦文清	山茶属	棕榈园林股份有限公司	唐文清、钟乃盛	20120171	2012-11-13	2013-12-25
108	20130108	夏梦可娟	山茶属	棕榈园林股份有限公司	许可娟、钟乃盛、刘信凯	20120161	2012-11-13	2013-12-25
109	20130109	夏梦华林	山茶属	棕榈园林股份有限公司	许华林、冯桂梅、凌迈政	20120172	2012-11-13	2013-12-25
110	20130110	夏梦衍平	山茶属	棕榈园林股份有限公司	何衍平、钟乃盛、赵强民	20120174	2012-11-13	2013-12-25
111	20130111	玉铃铛	枣	阜阳市颍泉区枣树行种植专业合作社、钱炳华、阜阳市农业科学院	钱炳华、马宗新、王永斌、李文峰、兰伟、李素梅	20120158	2012-11-9	2013-12-25
112	20130112	冀抗杨1号	杨属	河北农业大学	杨敏生、田颖川、梁海永、王进茂、张军、刘朝华、李晓芬	20130003	2012-12-24	2013-12-25
113	20130113	冀抗杨2号	杨属	河北农业大学	杨敏生、田颖川、梁海永、王进茂、张军、李晓芬、刘朝华	20130004	2012-12-24	2013-12-25
114	20130114	四海升平	紫薇	泰安市泰山林业科学研究院、山东农业大学、泰安时代园林科技开发有限公司	丰震、张林、王长宪、张安琪、颜卫东、孙中奎、王郑昊、王厚新、王峰、李承秀	20120151	2012-10-30	2013-12-25
115	20130115	北林槐1号	刺槐属	北京林业大学	李云、张国君、孙宇涵、徐兆翮、孙鹏、袁存权	20100070	2010-9-21	2013-12-25
116	20130116	北林槐2号	刺槐属	北京林业大学	李云、张国君、孙宇涵、徐兆翮、孙鹏、袁存权	20100071	2010-9-21	2013-12-25
117	20130117	北林槐3号	刺槐属	北京林业大学	李云、张国君、孙宇涵、孙鹏、徐兆翮、袁存权	20100072	2010-9-21	2013-12-25

序号	品种权号	品种名称	所属属（种）	品种权人	培育人	申请号	申请日	授权日
118	20130118	航刺4号	刺槐属	北京林业大学	李云、袁存权、路超、孙鹏、孙宇涵	20100076	2010-9-21	2013-12-25
119	20130119	京林一号枣	枣	北京林业大学、沧县国家枣树良种基地	庞晓明、孔德仓、续九如、王继贵、李颖岳、曹明、王爱华	20130026	2013-3-14	2013-12-25
120	20130120	兴安1号蓝莓	越橘属	邹芳钰、连俊文、聂森	邹芳钰、连俊文、聂森	20130028	2013-4-1	2013-12-25
121	20130121	鲁林16号杨	杨属	山东省林业科学研究院	姜岳忠、荀守华、乔玉玲、董玉峰、秦光华、王卫东、王月海	20130023	2013-3-6	2013-12-25
122	20130122	鲁林9号杨	杨属	山东省林业科学研究院	姜岳忠、荀守华、乔玉玲、董玉峰、秦光华、王卫东、王月海	20130022	2013-3-6	2013-12-25
123	20130123	森禾红玉	润楠属	浙江森禾种业股份有限公司	郑勇平	20120145	2012-9-25	2013-12-25
124	20130124	森禾亮丽	润楠属	浙江森禾种业股份有限公司	郑勇平	20120146	2012-9-25	2013-12-25
125	20130125	金洋	构属	王凤英、张闯令、张文卓	王凤英、金贵林、于艺、崔巍、张文卓、张闯令	20130077	2013-6-23	2013-12-25
126	20130126	两相思	刚竹属	国际竹藤中心、博爱县竹子科学研究所	郭起荣、毋存俭、张玲、冯云、焦保国、李成用、李越、毋爱霞、李军启、薛保林	20120157	2012-11-1	2013-12-25
127	20130127	齐云山1号	南酸枣	江西齐云山食品有限公司	陈周海、刘继延、林朝楷、凌华山	20130029	2013-4-1	2013-12-25
128	20130128	齐云山7号	南酸枣	江西齐云山食品有限公司	陈周海、刘继延、林朝楷、凌华山	20130030	2013-4-1	2013-12-25
129	20130129	齐云山13号	南酸枣	江西齐云山食品有限公司	陈周海、刘继延、林朝楷、凌华山	20130031	2013-4-1	2013-12-25
130	20130130	青云1号	槐属	河北省林业科学研究院	赵京献、秦素洁、刘俊、郭伟珍	20120159	2012-11-13	2013-12-25
131	20130131	冬红白蜡	白蜡树属	东营市绿鑫种苗有限责任公司、山东省林业科学研究院	孙清文、赵大勇、刘德玺、王振猛、杨庆山	20130062	2013-6-9	2013-12-25
132	20130132	常寒1号桉	桉属	中国林业科学研究院热带林业研究所、常德桉林耐寒桉树种植有限公司	曾炳山、张耀忠、裴珍飞、周国华、刘英、李湘阳、赖伟鹏、赵仪、欧阳聪、李武陵、马小平	20090042	2009-11-16	2013-12-25
133	20130133	菩丝艾诗007（Poulcs007）	蔷薇属	丹麦蓓薰玫瑰有限公司（Poulsen Roser A/S）	芒斯·奈格特·奥乐森（Mogens Nyegaard Olesen）	20060047	2006-10-9	2013-12-25
134	20130134	菩丝艾诗011（Poulcs011）	蔷薇属	丹麦蓓薰玫瑰有限公司（Poulsen Roser A/S）	芒斯·奈格特·奥乐森（Mogens Nyegaard Olesen）	20060048	2006-10-9	2013-12-25
135	20130135	西吕塔娜（Schathena）	蔷薇属	荷兰彼得.西吕厄斯控股公司（Piet Schreurs Holding B.V.）	P.N.J.西吕厄斯（Petrus Nicolaas Johannes SCHREURS）	20110013	2011-3-10	2013-12-25
136	20130136	西吕扎恩（Schiziens）	蔷薇属	荷兰彼得.西吕厄斯控股公司（Piet Schreurs Holding B.V.）	P.N.J.西吕厄斯（Petrus Nicolaas Johannes SCHREURS）	20110014	2011-3-10	2013-12-25

序号	品种权号	品种名称	所属属（种）	品种权人	培育人	申请号	申请日	授权日
137	20130137	西吕塔格（Schotoga）	蔷薇属	荷兰彼得.西吕厄斯控股公司（Piet Schreurs Holding B.V.）	P.N.J.西吕厄斯（Petrus Nicolaas Johannes SCHREURS）	20110015	2011-3-10	2013-12-25
138	20130138	尼尔帕尔（Nirpair）	蔷薇属	意大利里维埃拉卢克斯公司（Lux Riviera S.R.L.）	阿勒萨德·吉尔纳（Alessandro Ghione）	20110018	2011-3-10	2013-12-25
139	20130139	香颂	蔷薇属	北京林业大学国家花卉工程技术研究中心	张启翔、于超、潘会堂、王蕴红、程堂仁、罗乐、白锦荣	20110110	2011-10-26	2013-12-25
140	20130140	醉碟	蔷薇属	云南云科花卉有限公司、云南省农业科学院花卉研究所	李树发、蹇洪英、邱显钦、王其刚、张颖、唐开学	20110116	2011-10-28	2013-12-25
141	20130141	高原红	蔷薇属	云南云科花卉有限公司、云南省农业科学院花卉研究所	张婷、蹇洪英、王其刚、周宁宁、张颖、唐开学	20110119	2011-10-28	2013-12-25
142	20130142	金秋	蔷薇属	云南锦苑花卉产业股份有限公司、石林锦苑康乃馨有限公司	倪功、曹荣根、李飞鹏、杜福顺、田连通、白云评、乔丽婷、阳明祥	20110124	2011-11-10	2013-12-25
143	20130143	春潮	蔷薇属	北京市园林科学研究所	巢阳、勇伟	20120015	2012-2-10	2013-12-25
144	20130144	东方之珠	蔷薇属	北京市园林科学研究所	冯慧、巢阳、丛日晨、王永格	20120017	2012-2-10	2013-12-25
145	20130145	坦06464（Tan06464）	蔷薇属	德国罗森坦图月季育种公司（Rosen Tantau KG, Germany）	克里斯汀安·埃维尔斯（Christian Evers）	20120076	2012-6-8	2013-12-25
146	20130146	开阳星	蔷薇属	昆明杨月季园艺有限责任公司	张启翔、杨玉勇、蔡能、赖显凤、潘会堂、罗乐、王佳	20120093	2012-6-14	2013-12-25
147	20130147	摇光星	蔷薇属	昆明杨月季园艺有限责任公司	张启翔、杨玉勇、蔡能、潘会堂、罗乐、王佳、赖显凤	20120096	2012-6-14	2013-12-25
148	20130148	金辉	蔷薇属	段金辉	段金辉、王其刚、李树发	20120098	2012-6-25	2013-12-25
149	20130149	杰克罗威（Jacrewhi）	蔷薇属	法国玫兰国际有限公司（Meilland International S.A）	基思莱瑞（Keith ZARY）	20070043	2007-9-12	2013-12-25
150	20130150	美尼尔维斯（Meinelvis）	蔷薇属	法国玫兰国际有限公司（Meilland International S.A）	阿兰·安东尼·玫兰（Alain Antoine MEILLAND）	20070020	2007-5-21	2013-12-25
151	20130151	美梅尔巴（Meimelba）	蔷薇属	法国玫兰国际有限公司（Meilland International S.A）	阿兰·安东尼·玫兰（Alain Antoine MEILLAND）	20070018	2007-5-21	2013-12-25
152	20130152	美尼克桑德（Meinixode）	蔷薇属	法国玫兰国际有限公司（Meilland International S.A）	阿兰·安东尼·玫兰（Alain Antoine MEILLAND）	20060042	2006-9-7	2013-12-25
153	20130153	美安吉尔（Meiangele）	蔷薇属	法国玫兰国际有限公司（Meilland International S.A）	阿兰·安东尼·玫兰（Alain Antoine MEILLAND）	20090018	2009-5-4	2013-12-25

序号	品种权号	品种名称	所属属（种）	品种权人	培育人	申请号	申请日	授权日
154	20130154	美拉巴桑 (Meilabasun)	蔷薇属	法国玫兰国际有限公司（Meilland International S.A）	阿兰·安东尼·玫兰（Alain Antoine MEILLAND）	20070021	2007-5-21	2013-12-25
155	20130155	美卡塔娜 （Meikatana）	蔷薇属	法国玫兰国际有限公司（Meilland International S.A）	阿兰·安东尼·玫兰（Alain Antoine MEILLAND）	20080017	2008-3-31	2013-12-25
156	20130156	美思泰 （Meishitai）	蔷薇属	法国玫兰国际有限公司（Meilland International S.A）	阿兰·安东尼·玫兰（Alain Antoine MEILLAND）	20090043	2009-10-19	2013-12-25
157	20130157	美郎布拉 (Meilambra)	蔷薇属	法国玫兰国际有限公司（Meilland International S.A）	阿兰·安东尼·玫兰（Alain Antoine MEILLAND）	20060041	2006-9-7	2013-12-25
158	20130158	幸运阳光 （Sunluck）	蔷薇属	新西兰弗兰克月季育种公司（Franko Roses New Zealand Ltd）	弗兰克·斯谷曼(Frank Schuurman)	20010009	2001-11-15	2013-12-25

中国林业植物授权新品种
（1999－2009）

国家林业局植物新品种保护办公室
中国林业科学研究院林业科技信息研究所 编

中国林业出版社

中国林业植物授权新品种
（2010－2012）

国家林业局科技发展中心
（国家林业局植物新品种保护办公室） 编

中国林业出版社

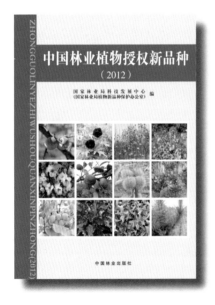

中国林业植物授权新品种
（2012）

国家林业局科技发展中心
（国家林业局植物新品种保护办公室） 编

中国林业出版社

中国林业植物授权新品种
（2013）

国家林业局科技发展中心
（国家林业局植物新品种保护办公室） 编

中国林业出版社